茶书院系列藏书

屠幼英　乔德京　主编

茶学入门

U0277265

浙江大学出版社
ZHEJIANG UNIVERSITY PRESS

**图书在版编目（CIP）数据**

茶学入门／屠幼英，乔德京主编. —杭州：浙江
大学出版社，2014.4（2024.12 重印）
　　ISBN 978-7-308-13066-0

　　Ⅰ.①茶… Ⅱ.①屠… ②乔… Ⅲ.①茶叶－文化－
中国 Ⅳ.①TS971

中国版本图书馆 CIP 数据核字（2014）第 064205 号

## 茶学入门

主　　编　屠幼英　乔德京
副主编　夏会龙　李文良　孟　庆

责任编辑　葛玉丹
封面设计　项梦怡
出版发行　浙江大学出版社
　　　　　（杭州市天目山路 148 号　邮政编码 310007）
　　　　　（网址：http：//www.zjupress.com）
排　　版　杭州青翊图文设计有限公司
印　　刷　广东虎彩云印刷有限公司绍兴分公司
开　　本　710mm×1000mm　1/16
印　　张　14.25
字　　数　160 千
版　印　次　2014 年 4 月第 1 版　2024 年 12 月第 9 次印刷
书　　号　ISBN 978-7-308-13066-0
定　　价　30.00 元

浙江大学出版社市场运营中心联系方式：0571－88925591；http：//zjdxcbs.tmall.com

# 前　言

　　写书往往是一件责任繁重、枯燥紧张的工作，但是在本书撰写过程中，作者却再次获得了快乐和感恩的心情。因为在收集诸多有关茶的美好传说，购买泡茶所需的各式漂亮的陶瓷器皿，泡茶过程中茶所展示的舞姿和香味，以及享用茶的甘甜鲜爽等，均令人感动和陶醉。茶是生动鲜活的，是上天恩赐于人类伟大的财富。茶还让我们的中华文化传播到了世界各地，无论是亚洲茶文化还是欧洲的饮茶习惯均来自中国，她是美丽的文化使者。在我们中华五千年历史文化的传承过程中，茶作为药材和食品，对我们祖国大家庭的和谐、健康繁衍和生存起到了极其重要的作用，她是修身、齐家、治国、平天下的重要工具。所以，本书编写的目的是为了让更多热爱茶的朋友们和作者一起进一步了解茶，泡好茶，喝对茶，采用科学的方法饮茶，享受茶给我们带来的平和、静心以及生活感悟，进而提高我们的审美情趣和自身涵养。

　　本书共分七章，采用图文并茂的方式，以生动、浅显的语言介绍了茶的起源与传播,茶的种类及各类名茶,茶艺与茶道,茶与健康,茶多酚与茶色素等各方面常识。读者通过对本书的学习和理解,自己便能够正确选茶、科学泡茶和合理饮茶。坚持长期饮茶可以预防疾病和提高我们自身的抗病能力;同时,它简单易行,不仅能为我们的生活增添快乐,而且还能减轻我们的工作压力,可视为养生首选。

下面对本书的主要内容和各章节的作者作一简单介绍:

第一章"茶的起源与传播"介绍了世界茶的原产地,以及中国茶是怎样被发现并传播到世界各地的。本章由浙江大学博士生孟庆、硕士生陈贞纯和博士生高黎丹编写。

第二章"茶的种类及各类名茶"介绍了中国的六大茶类,以及每类茶中的名品,如绿茶中杭州的西湖龙井等知识。尽管国家标准化管理委员会公告,中国茶叶分类新国家标准于2014年6月22日起实施,以生产工艺、产品特性、茶树品种、鲜叶原料和生产地域为分类原则将茶分为十类,但是没有正式实施,所以本书还是以原有加工方法分类。本章由浙江大学博士生孟庆和教授屠幼英编写。

第三章"茶艺与茶道"分为两个方面,其中茶艺主要介绍怎样选茶具和水及其对泡茶的重要性,所谓"水为茶之母,器为茶之父"。而茶道则诠释了"千年儒释道,万古山水茶"的历史和故事。本章由浙江大学硕士生何婧、侯玲编写。

第四章"名茶典故与礼俗"收集了很多名茶的美好传说,以及江南饮茶方法和少数民族独特的酥油茶和擂茶等知识。读者可以进行学习和实践,丰富家庭生活。本章由浙江大学韩国留学生金恩惠博士和王耀民编写。

第五章"合理选茶和科学饮茶"告诉读者不同的人群应选喝怎样的茶最健康,不同的茶有不同的喝法,什么季节喝什么茶,茶叶怎样保管最科学等生活常识。本章由浙江大学教授屠幼英、浙江工商大学教授夏会龙、山东德圣集团董事长乔德京编写。

第六章"茶与健康"主要是未病工程,对于目前癌症、"三高"和心脑血管等十类疾病怎样通过饮茶进行预防,以及对已病人群怎样喝茶以达到治疗和缓解的作用进行了讲解。本章由浙江大学教授屠幼英、浙江工商大学教授夏会龙、山东德圣集团董事长乔德京编写。

第七章"茶多酚与茶色素的保健功能"主要从茶的化学本质上来讨论喝茶健康的实质,如茶的最重要成分为茶多酚和茶黄素等,这些生物活性物质已经开发成为大量的保健品和药品。本章由浙江大学教授屠幼英和山东德圣集团李文良、张春宝先生编写。

在本书撰写过程中还得到了浙江大学刘晓惠、金锋、潘海波三位博士生的大力帮助,同时本书也参考和引用了许多专家和学者的研究成果,在此一并表示感谢!

由于编者的学术水平和知识领域所限,加之时间较紧,书中定有遗漏和不妥之处,恳请广大读者批评指正。

屠幼英　乔德京
2014 年 2 月于杭州

# 目　录

# 第一章　茶的起源与传播

　　茶树是一种多年生的常绿木本植物，一个多世纪以来，世界各国众多科学家的研究证实，我国西南地区云、贵、川是茶树的原产地，是世界上最早发现、利用和人工种植茶的地方。人类对茶的利用经历了由药用、食用，再演变成饮用的过程。今天世界各地引种的茶树栽培技术、茶叶加工工艺以及饮茶方法，都直接或间接地源自中国。中国茶通过各种途径，传播到世界各地，使茶成为一种世界性的健康饮料和产业。中华茶文化的精髓也不断地在世界各地生根、开花、结果，并与各国、各民族人民的生活方式、风土人情、宗教意识相融合，形成世界各国各民族多姿多彩的特色茶文化。

## 第一节　茶树的起源及茶的利用

　　中华民族在上下五千年的漫漫历史长河中，在认识和开发大自然的过程中发现了茶的食用、药用和饮用价值，并不断将其开发利用，最终发展为中国最普遍和最具特征的健康饮料。茶的发现和利用是中华民族对人类文明的伟大贡献之一。

## 一、茶树的起源与原产地

### (一)茶树的起源

茶树是属于山茶科山茶属植物。陆羽在《茶经》中说"茶者，南方之嘉木也"，说明茶树是一种生长在南方的植物。植物学的研究表明，较原始的山茶科植物起源于古第三纪的古新世和始新世之间，距今约 6000 万年至 5000 万年，而山茶属植物的出现，大约在距今 3000 万年至 2000 万年之间的古第三纪的渐新世。我国科学工作者推论茶树是由古第三纪渐新世的宽叶木兰(Magnolia latifolia)经中新世(距今 2000 万年至 500 万年之间)的中华木兰(M. mioclnica)演化而来的。1753 年，著名的瑞典植物分类学家林奈(Carl von Linne)根据在我国武夷山地区采集的灌木型茶树枝条和叶片形态，首次给茶树命名为"Thea sinensis L."，拉丁文"sinensis"即中国之意。1881 年，孔茨氏(O. Kuntze)进一步将茶树学名定为 Camellia sinensis(L.)O. Kuntze。

茶树的原产地是指"茶树的原始产地"，即茶树起源的地区，也有学者认为是茶树在人工栽培以前的原始分布区域，即茶树的原生中心。对原产地的这两种观点，"原始"、"原生"虽然只一字之差，但在时间上，相去却已数千万年。不过，不管"原始"还是"原生"，在 19 世纪之前，茶树原产于中国的事实已经为国际科学界所公认。然而，自从 1824 年驻印度的英国少校勃鲁士(R. Bruce)在印度阿萨姆沙地耶(Sadiya)山区中发现野生大茶树以后，有人便以此为证，开始对中国是茶树原产地提出了异议。一个半世纪以来,国际植物学界和茶学界就茶树原产地问题展开了旷日持久的争论,各国科学家就茶树的原产地提出了多种不同的观点。但绝大多数学者还是认为,中国是茶树的原产地。

印度茶业委员会组织了一个科学调查团于 1935 年对印度沙地耶山区所发现的野生大茶树进行了调查研究,植物学家瓦里茨(Wallich)博士和格力费(Griffich)博士都断定,当地所发现的野生大茶树与从中国传入印度的茶树同属中国变种。而不同国家的多位学者也在其著作或研究报告中认为中国是茶树的原产地。1892 年美国学者韦尔须(J. M. Walsh)的《茶的历史及其秘诀》、1893 年俄国学者勃列雪尼德(E. Brelschncder)的《植物科学》以及法国学者金奈尔(D. Genine)的《植物自然分类》、1960 年苏联学者杰姆哈捷(К. М. Джемухадзе)的《论野生茶树的进化因素》等均不约而同地表达了这一观点。早在 1922 年,当代茶圣吴觉农曾在《中华农学会报》上发表《茶树原产地考》一文,以有力的证据驳斥了某些国外学者否认中国是茶树原产地的这一历史事实。20 世纪 70～80 年代,日本学者志村桥和桥本实从形态学、遗传学等角度证实茶树原产地在中国的云南、四川一带。我国著名茶学家庄晚芳教授从社会历史的发展、大茶树的分布与变异、古地质的变化、"茶"字及其发音、茶的对外传播等方面对茶的原产地问题进行了深入的研究,认为茶树的原产地在我国的云贵高原以大娄山脉为中心的地域。我国茶树育种学主要奠基人之一陈兴琰教授在其主编的《茶树原产地——云南》一书中以大量的调查事实和科学论据,提出了云南西南部是茶树的起源中心和演化变异中心。

**（二）中国西南地区是茶树的原产地**

自从有关茶树的原产地问题提出以来，很多国家的植物学和茶学研究者利用多学科综合研究的优势，从茶树的演化形成、自然环境的变迁、野生茶树的分布以及茶的词源学等不同角度，论证了中国西南地区是茶树的原产地。

1. 中国西南地区野生大茶树分布最集中、数量最多

中国古代文献中有关野生大茶树的记载很多。东汉《桐君录》中就有"南方有瓜芦木（大茶树），亦似茗，至苦涩，取为屑茶饮，亦可通夜不眠"的记载。唐代陆羽《茶经》开篇即称："茶者，南方之嘉木也，一尺、二尺乃至数十尺，其巴山峡川有两人合抱者，伐而掇之。"宋代科学家沈括在《梦溪笔谈》中记载有"建茶皆乔木……"，宋代诗人梅尧臣在其《尝新茶诗》中亦有"建溪茗株成大树，颇殊楚越所种茶"的句子。19世纪末，英国人威尔逊（A. Wilson）曾在我国的西南部地区考察植物，在他所著的《中国西南部游记》中记载有"在四川中北部的山坡间，曾见茶丛普遍高达十英尺或十英尺以上，极似野生茶"。从这些文献的记载中可知，至少在1200多年以前，我国就已发现了野生大茶树。近几十年来，我国科学工作者在野生茶树的考察研究上不断有了新的发现，在南方各主要的产茶省均发现了一些不同类型的野生大茶树。如云南省勐海县巴达乡大黑山密林中的巴达大茶树，位于海拔1500米的原始森林中，于1961年被当地群众所发现，当时树高约32.12米、胸围2.9米，树龄在1700年左右，是迄今发现最古老的野生大茶树。位于云南省澜沧县富东乡邦崴村的邦崴大茶树，于1993年被发现，树高11.8米，树龄在1000

年左右,介于野生型茶树和栽培型野生茶树之间,即过渡性野生大茶树。位于云南省勐海县南糯山半坡寨海拔 1100 米山林中的南糯山大茶树,成片分布,树高 5.5 米、树幅 10 米,主干直径 1.38 米,树龄在 800 年左右,属栽培型的野生大茶树。据不完全统计,我国近代在云南、贵州、四川、广西、湖南、湖北等 10 个省(区)共发现的野生大茶树达 200 多处,其中 70% 分布在西南地区,而主干直径在 1.0 米以上的特大型野生茶树主要分布在云南。近年在云南镇沅、澜沧、双江等地还发现了成片的野生茶树群落,贵州道真县洛龙镇也发现了千年大茶树。迄今为止,从全世界已发现的野生大茶树的地域分布来看,中国西南地区是野生大茶树发现最多且分布最集中的地区,这是原产地植物最显著的植物地理学特征。

2. 中国西南地区是茶树近缘植物的地理分布中心

山茶科植物起源于新生代第三纪,我国西南地区是第三纪古热带植物区系的避难所,也是这些区系成分在古代分化发展的关键地区。如苏联学者乌鲁夫在其著作《历史植物地理学》中所述:"许多属的起源中心在某一地区集中,指出了这一植物区系的发源中心。"目前世界上山茶科植物共约 23 属 380 余种,我国有 15 个属 260 余种,且大部分分布在西南地区。张宏达教授在 1998 年发表的《中国植物志》第 49 卷第 3 册中将山茶属分为 20 个组、280 种,其中中国有分布的为 238 种,分属于 18 个组,占 85%,主要分布在我国西南和南部的云南、广西、广东、贵州、四川和湖南等省(区)。

3. 茶树生物学的研究证明中国西南地区是茶树的起源中心

自第三纪以来,各地壳板块剧烈运动,喜马拉雅和横断山脉初步形成,由于地势升高,以及长期冰川和洪积的影响,这一地区的地形、地势被切割、断裂,上升或凹陷,使我国西南地区形成了群山起伏、河谷纵横的复杂的地形地貌和多种类型的气候块,使茶树发生同源隔离分居状况。处在不同气候条件下的茶树,由于遗传变异和自然选择的结果,形成不同的茶树类型。中国西南地区茶树种质资源之丰富、种内变异之多,是世界上任何其他地区都无法比拟的。植物学家认为,某种植物变异最多的地方就是这种植物的起源中心。一个多世纪以来,众多学者对茶树的分布、遗传变异、亲缘关系等进行了大量的研究工作,证明这些茶树拥有类似的遗传和生化物质基础。如不论是大叶种茶树还是小叶种茶树,其体细胞的染色体数目都是 15 对($2n = 30$),各种生化成分的含量虽有差别,但种类却几乎是完全一样的,不同茶树品种其外部形态上的变异也具有连续性,这些证据均表明所有茶树都具有共同的祖先。

4. 古地质学、古气候学的研究证明中国西南地区是茶树的原产地

约在 2 亿年前,劳亚古北大陆和冈瓦纳古南大陆因地球板块漂移造成地质分裂而形成,两大陆之间隔着泰提斯海。我国西南地区处于劳亚古北大陆的南缘,面临泰提斯海,在地质上的喜马拉雅运动发生以前,这里气候温和,雨量充沛,是当时劳亚古北大陆热带植物区系的大温床,也是一切高等植物的发源地。我国著名植物分类学家吴征镒曾指出:我国云南西北部、东南部,金沙江河谷,川东、鄂西和南岭山地,不仅是第三纪古热带植物区系的避难所,也是这些区系成分在古代分化发展的关键地区。地球第三纪末气候转冷,至第四纪初时,全球进入冰川时

期。大部分亚热带作物在这一时期被冻死，而我国西南地区的一些区域受冰川影响较小，因此在这一地区的部分茶树得以存活下来。如今在西南各省发现的为数众多的野生大茶树，也进一步证明了茶树原产于我国西南地区的可能性最大。

**5. 中国西南地区是世界茶文化的发祥地**

任何一种作物或栽培植物，都是从野生采集开始，而后才发展为人工栽培的。因此，在古代首先利用和栽培某种植物的国家或地区，多为该种植物原产的区域，这也是一个基本的规律。在"三皇五帝"时代，我国的先人们就已经发现并开始利用茶了。

据《华阳国志》等史籍的记载，在公元前 11 世纪的周代，巴蜀一带的茶树就已经开始人工种植和栽培，并用其所产的茶叶作为贡品。从秦、汉到两晋时期，四川一直是我国茶叶生产和消费最主要的地区。《茶经》中列举五种"茶"字的形、音，即茶（cha）、槚（jia）、蔎（she）、荈（chuan）、茗（ming）。首见于蜀人著作中的"茶"字就有四个，其发音也与巴蜀方言相近，这也从茶的利用史和茶文化的角度证明了茶树起源于我国西南地区。

## 二、茶的发现与利用

上古时期，我国的先民们就把茶树嫩梢当成食物充饥，并发现了茶具有疗疾的作用。此后，人们又把茶当成祭品供奉祖宗，当成贡品进奉朝廷，最终把茶演变为一种大众化的饮料。茶从发现到演变为饮料的历史是人类了解和开发大自然的必然结果，也是随着人类文明发展，对茶的功能不断认识和深化的结果。

### （一）茶的发现

流传在我国西南地区各民族之间的许多民间故事、神话传说、史诗和古歌中都有涉及茶，如湘西《苗族古歌》中有关于苗人创世纪的回忆里就提到了茶园，云南德昂族的民族史诗《达古达楞格莱标》（意为"始祖的传说"）中将茶视为人类的始祖。这些民间传说和故事说明，在原始社会时期，我国西南地区的人民就已经发现了茶。陆羽在《茶经·六之饮》中指出："茶之为饮，发乎神农氏，闻于鲁周公。"陆羽是依据《神农食经》等古代文献的记载，认为饮茶起源于神农时代，后世在谈及茶的起源时，也多将神农氏列为发现和利用茶的第一人。而茶史专家朱自振则认为神农是后人塑造出来的一种形象，不太可能是某一具体的人。但目前与之相联系的有关原始时代的各种事物的发明，均将茶的发现定位于神农时代是可信的。

### （二）茶的利用

#### 1. 药用

我国现存最早的药物学专著——《神农本草经》是东汉时代搜集了上古、先秦和秦汉时期众多医学家的药物知识，经编辑而成的药物学典籍。据记载，在神农时代即已经发现了茶树的鲜叶具有解毒功能，所谓"神农尝百草，日遇七十二毒，得茶而解之"，反映的就是古代发现茶药用功能的起源，这说明我国发现和利用茶叶最少已有近5000年的历史。自从人类发现茶叶的药用功能后，茶日趋受到重视，进而从野生开始发展到人工种植，促进了茶的迅速传播。

#### 2. 食用

茶由药用到最终发展为日常饮料，中间经过了食用的阶段。

当时人类将茶视同"解毒的蔬菜",煮熟后,与饭菜调和一起食用。其目的除了增加营养,也能为食物解毒。而由于茶开始进入当时的"菜谱",随之,茶汤的调味技术也开始受到重视和发展。

秦汉时期,简单的茶叶加工工艺已经有了雏形。时人用木棒将茶叶鲜叶捣成饼状茶团,再晒干或烘干后存放。饮用时,先将茶团捣碎放入壶中,注入水进行熬煮,并加上葱姜和橘子调味。此时茶叶已经作为日常生活中的食品,既有解毒之能效,亦成待客之佳品。

3. 饮用

西汉后期到三国时代,茶发展成为宫廷的高级饮料。如在宋代秦醇根据《汉书》改编的传奇《赵飞燕别传》中有这样的情节:汉成帝崩,一夕后(即帝后)寝惊啼甚久,侍者呼问,方觉。乃言曰:适吾梦中见帝,帝自云中赐吾坐,帝命进茶。左右奏帝,后向日待不谨,不合啜此茶。除此之外,其中还多处提到"掌茶宫女",说明西汉时期,茶已成为皇室后宫的饮品。

魏晋南北朝时期,茶逐渐成为普通饮料走入民间,并成为商品进行买卖。据《广陵耆老传》中记载"晋元帝时有老姥,每日独提一器茗,往市鬻之,市人竞买",说明当时已有人将茶水作为商品到集市上进行买卖了。西晋刘琨《与兄子南兖州刺史演书》中有"前得安州干茶一斤、姜一斤、桂一斤,皆所需也。吾体中烦闷,恒假真茶,汝可信致之",赞美茶叶的功效。这个阶段,江南一带,"做席竟下饮",饮茶不仅风靡于文人雅士间,亦开始走入寻常百姓家。

自唐、宋至今,制茶、饮茶已高度繁荣,茶已成为最为人熟知、最为普及,并深受我国各族人民喜爱的饮用之品。近 100 年来,随着对茶的保健功能研究的深入和了解,茶叶已经成为人们养生、保健的日常良药,不仅可以从生理上起到许多的保健作用,而且从心理上也有很好的调节功能。由此,茶的产业也得到了全面和健康的发展,茶业从业人员达到了 8000 万人,茶叶总产值已超过千亿,在世界各地不仅有了茶叶成分制成的药物,而且还有琳琅满目的茶食品、日化用品和保健产品,茶已经和人们的生活紧密相连。

## 第二节　茶的发展与传播

### 一、六朝以前茶的发展

#### (一)巴蜀是茶叶文化的摇篮

茶史资料表明,巴蜀是中国茶业的源兴之地。《汉书·地理志》称:"巴、蜀、广汉本南夷,秦并以为郡。"巴蜀的范围较大,居住民族除巴人和蜀人两个分布较广、人口较多的大族之外,还有濮、苴、共、奴等许多其他少数民族。在夏商和西周时,这些民族大都还停留在原始氏族阶段。至秦朝灭掉古巴蜀国后,在中原文化的影响下,才开始由原始走向文明。但是,从中原地区的视角来看,这些民族或地区仍然是属于"南夷"的化外之区。直至秦统一和设置郡县后,巴蜀才在真正意义上归属于华夏。

清初著名学者顾炎武在其《日知录》中说"自秦人取蜀而后,始有茗饮之事",说明秦统一巴蜀以后,茶的饮用才在各地慢慢传播开来。这也表明茶叶文化始于巴蜀,也才有"巴蜀是中国茶业或茶叶文化的摇篮"之说。这一结论被现在绝大多数学者所接受,中国历代关于茶事起源上的种种争论亦因此得以平息。

### (二)巴蜀饮茶的起始

既然秦统一巴蜀以后,饮茶才开始在中国其他地区传播开来,那么,巴蜀又是什么时候开始饮茶的呢? 对此,史学界与茶学界均持有不同见解,有"史前"说、"西周初年"说、"战国"说等,不过归根到底,就是究竟始于巴蜀建国之前抑或建国之后的问题。

而巴蜀饮茶"始于战国"的观点,与"神农尝百草,日遇七十二毒,得茶而解之"的上古传说相冲突,认为只有可靠的文字记载才可信。其实,"战国"说所依据的直接文字记载也仅有顾炎武的说法,别无他例。而"三皇五帝"时期在农业、医药等领域作出卓越贡献的神农,有些人认为未必真有其人其事,而是作为后人追念史前上述伟大发明而臆想出来的一种图腾,从而得到人们的承认。一般来说,在目前考古发掘中发现关于神农氏与其发明确切证据缺乏,众多关于"神农耕而作陶"和"始尝百草,始有医药"等传说也仅仅来自于后世历代古籍,同样也是无直接证据可证的。但是与他联系在一起的发现与发明被后世历代所认可,应该是有一定的史实根据的。因此,农业、医药、陶器,以至茶叶的饮用"发乎"这一时代,应当是可信的。

### (三)有关巴蜀茶叶的史料记载

由于茶叶的生产和消费区别于米、面、肉等人类生存的刚性需求物品,并且赋予了许多文化的内涵,因此人们习惯把饮茶和文明联系在一起。一提到饮茶的起源，许多人往往认为是进入阶级社会以后才出现的。其实，这是一种误解。原始氏族社会利用植物的某部分组织来充当饮料是常有的事。据鄂伦春族民族志材料表明，1949年前，生活在大兴安岭地区的鄂伦春人，仍停留在原始氏族社会阶段。但当时，他们就有"泡黄芩、亚格达的叶子为饮料"的习惯。既然仍处在原始社会形态的鄂伦春人能够利用当地的黄芩和亚格达叶子来作饮料，那么，为什么我国南方有野生茶树分布的地区部落——巴人、蜀人或其他族人不能在史前就发明以茶为饮呢？这也就是说，我国上古时代关于"茶之为饮，发乎神农"的论点，既有传说记载，并且也有民族志材料作为印证。只可惜见诸文字记载关于巴蜀茶业的时间较迟，直至西汉成帝时的王褒的《僮约》中才有记述。其中有"脍鱼炰鳖，烹茶尽具"、"武阳买茶，杨氏担荷"两句。前一句反映成都一带，西汉时不但饮茶已成风尚，并且在大户人家，还出现了专门的茶具。而后一句，则反映四川地区由于茶的消费和贸易需要，茶叶已经商品化，还出现了如"武阳"一类的茶叶交易中心。

而有关先秦巴蜀的茶事资料，亦有东晋常璩《华阳国志·巴志》所说"武王既克殷，以其宗姬封于巴，爵之以子……丹、漆、茶、蜜……皆纳贡之"和明代杨慎在《郡国外夷考》中所提"《汉志》葭萌，蜀郡名。萌音芒，方言，蜀人谓茶曰葭萌，盖以茶氏郡也"，能予佐证。古巴蜀国和周族姬姓部落的联系，其实还可上溯到殷商末年。

《华阳国志》是晋人所写，是有关古代中国西南地区历史、地理、人物等的地方志著作。根据记载，既然巴蜀种茶到战国时已兴至汉中葭萌一带，那么，巴蜀南部的产茶区，自然不会都是在葭萌之后才发展起来的。如果葭萌"以茶氏郡"的论点可以成立,那么《华阳国志》中所提到的茶区,可以说也是战国前已经形成。

关于巴蜀茶业在我国早期茶业史上的突出地位,据记载,西汉时,成都不但已成为我国茶叶的一个消费中心,很可能也已成为我国最早的茶叶集散中心。从西晋张载在《登成都楼》中"芳茶冠六清,溢味播九区"的诗句中亦可说明西晋时巴蜀之茶已享有盛誉,连古代宫廷膳夫特制的名贵饮料——六清,也无法与之媲美。与张载这一诗句相佐,三国张揖的《广雅》有这样的记载:"荆巴间采茶作饼,成以米膏出之……用葱姜芼之。"其中所述的"荆巴间",具体是指今川东、鄂西一带。其实,这鄂西本属楚巴交界,并且深受巴文化的影响。因此,将这些史料联系起来可以看出,巴蜀茶业不只在先秦,而且在秦汉直至西晋,一直名甲全国。而且,巴蜀是我国茶叶生产和技术的重要中心。

## 二、隋唐五代茶业的兴起

### (一)唐代茶叶的主要产地

时至唐朝,茶业逐渐兴盛,如杨华《膳夫经手录》所载:"……至开元、天宝之间,稍稍有茶,至德、大历遂多,建中以后盛矣。"由于《膳夫经手录》成书于唐宣宗大中十年(公元 856 年),所记载关于唐代茶业的状况,既有据史而考,又有亲身经历,因此内容是较为可靠的。此外,根据《封氏闻见记》的记载,所谓"茶兴于唐",结合《膳夫经手录》进行分析,具体来说茶是兴盛于唐代中期。这也与《全唐诗》、《全唐文》等唐代各种典籍、史书的记述相一致。

初唐的文献中少有茶和茶事的记载,而至唐代中晚期,关于茶的论述和吟咏,就骤然多了起来。那么,唐代中期的茶业是如何发展,并且到了怎样的程度呢?从茶叶产地来说,唐代以前,我国到底有多少产茶区,无从查考。直至陆羽《茶经》中,才第一次较为详细地列举了我国产茶的一些州县。由《茶经》和唐代其他文献记载来看,唐代茶叶产区已遍及川、陕、鄂、滇、桂、黔、湘、粤、闽、赣、江、浙、皖、豫等 14 个省区,即唐代的茶区分布几乎达到了与我国近代茶区相当的局面。

### (二)唐代的茶叶生产和贸易

前文已经提到,六朝以前,茶在南方的生产和饮用,已较为普遍,但北方尚未普及。至唐代中期,如《膳夫经手录》记载:"今关西、山东,闾阎村落皆吃之,累日不食犹得,不得一日无茶。"北方地区的嗜茶成俗意味着此时饮茶之风在全国范围内都已经相当普遍。于是南方茶的生产和全国茶叶贸易,随之空前蓬勃地发展了起来。具体表现在以下几个方面。

#### 1. 茶叶生产

唐代时,全国各地的茶叶生产都有较大发展,尤其是由于京杭大运河的通航,使得与北方有交通之便的江南、淮南茶区,茶的生产更是得到了快速的发展。如《封氏闻见记》所述:"茶自江淮而来,舟车相继,所在山积,色额甚多。"具体来说,由江南道鄂岳观察使、江西观察使、宣歙观察使和浙西观察使所管辖的一些州县,发展尤为明显。这里不妨以江西和宣歙观察使的有关茶史资料一说。

唐代大诗人白居易的名作《琵琶行》耳熟能详,而其中"商人重利轻别离，前月浮梁买茶去。去来江口守空船，绕船月明江水寒"的诗句，对于嗜茶者和广大茶叶工作者来说，往往印象特别深刻。浮梁即是如今江西的景德镇，江口则是指现在九江的长江口。意指茶商将妻子孤身留在九江船上等其归来，自己则带着伙计到景德镇去收购茶叶。字里行间中透露出这样的信息：在唐代，浮梁已经是当时东南一个重要的茶叶集散地。而《元和郡县图志》卷 28 中也有"浮梁每岁出茶七百万驮，税十五余万贯"的记载。此外，根据南唐刘津著《婺源诸县都不得置制新城记》中载"大和中，以婺源、浮梁、祁门、德兴四县茶货实多，兵甲且众，甚殷户口，素是奥区……"，也说明浮梁已成为当时的茶叶交易中心之一。然而，《元和郡县图志》中关于浮梁茶叶产量的记载也并非特指浮梁一地所产的茶，其中也可能包括了地处浮梁周边的皖南、浙西甚至闽北一带的茶。如陆羽的《茶经》中将浮梁列入浙西茶区。但在唐代的各种名茶贡茶中，浮梁所产的茶并不在其中，其制茶技术还不如巴蜀等老茶区。即使在整个浙西茶区来说，浮梁出产的茶叶也属下等。即便如此，茶叶生产中心在此时慢慢转移到了长江的中游和下游已是不争的事实。并且在唐中叶以后，除了茶产量继续大幅度提高外，由于湖州紫笋茶和常州阳羡茶的入贡，江南茶叶制作技术也达到了当时最高的水平。因此，可以说我国至唐代中后期，茶叶生产和技术的中心便已经正式东移至江南茶区。

关于茶业中心的东移，还可举唐代贡焙的选定来说明。虽然我国贡茶的历史甚早，但专门设立采造宫廷用茶的贡焙，并对贡焙的时间和批次进行规定，还是自唐代中期开始的。自将"扬子江中水，蒙山顶上茶"的四川蒙顶茶作为贡茶始，湖州大唐贡茶院制作的顾渚紫笋茶很快也成为江南茶区的贡茶代表之一。正如唐张文规《湖州贡焙新茶》的诗中所题："凤辇寻春半醉归，仙娥进水御帘开，牡丹花笑金钿动，传奏湖州紫笋来。"而陆羽《茶经》品评天下名茶也曾提到"蒙顶第一、顾渚第二"，也说明了此时江南茶区作为唐代兴起的茶区，在制作技艺上大有追平甚至赶超巴蜀茶区的趋势。

此外，在湖州设立贡焙，并非是江南茶区贡茶之始。据嘉泰《吴兴志》和宜兴有关方志记载，李栖筠任常州刺史时既在湖州长城（今浙江长兴）和常州义兴（今江苏宜兴）设立贡焙。湖州紫笋是陆羽推荐给李栖筠，试贡后深受皇帝喜爱而成为定制的。"天子未尝阳羡茶，百草不敢先开花"的诗句，描写的可能即是这一时期江苏宜兴阳羡茶作为贡焙的情况。大历五年（公元770年），唐代宗李豫以义兴"岁造数多"，始设焙顾渚，"命长兴均贡"，正式将阳羡茶和顾渚茶均设为贡茶。据《元和郡县图志》记载，到贞元以后，单长兴一地的贡茶，每年采造就要"役工三万人，累月方毕"。这从一个方面反映出当时长兴所出的茶叶不仅质量很好，而且茶园规模和产茶数量也较大。因此，在江南茶区设立贡焙，无疑极大地刺激了这个后起茶区的茶业和制茶技术的发展，客观上加速了唐代茶业区域的重心转移，也是后来这一带茶叶生产技术长期居于领先地位的一个原因。

2. 茶叶贸易

总的来说，唐代茶叶生产、消费和贸易，存在着互为条件、互相促进的关系。唐代茶叶贸易的极大发展，推动和促进了茶叶生产和消费的相应发展，甚至改变了茶叶生产的版图和格局。而唐代茶叶生产和消费的发展，又为茶叶贸易的发展提供了保障和基础。一般来说,由于我国北方和西北少数民族地区不产茶,因此,我国的茶叶贸易主要是南方向北方、有茶区向无茶地区的贩运。正如《封氏闻见记》所说的那样,唐代开元以后,"自邹、齐、沧、棣渐至京邑城市,多开店铺,煎茶卖之"。由于南北交通状况的改善,北方城乡茶叶买卖和消费更加活跃,南方茶区的茶市,规模和数量也远超过去。杜牧的《上李太尉论江贼书》虽为讨贼檄文,但其中也反映出晚唐时期我国茶业发展的一些细节:一是虽然唐朝末年社会动荡加剧,但种茶贩茶仍使得茶叶从业者生活富足。二是我国南北茶叶贸易的路线,在当时分为江东和华中两路:东路赣、皖、江、浙等茶区的茶叶,主要通过长江和淮河经由运河直接运销今华北地区;华中地区的茶叶则是就近由长江相连各水系直接运销河南或经由河南转运各地。

唐代的边茶贸易也很兴盛。虽然我国西北少数民族接触汉族地区茶叶和茶文化的历史可能由来已久,但直到唐朝才真正有了关于西北少数民族地区饮茶和出现茶叶贸易的文字记载。据唐李肇《国史补》载:常鲁公使西蕃,烹茶帐中。赞普问曰:"此为何物?"鲁公曰:"涤烦疗渴,所谓茶也。"赞普曰:"我此亦有。"遂命出之,以指曰:"此寿州者,此舒州者,此顾渚者,此蕲门者,此昌明者,此沮湖者。"说明这些少数上层统治者对唐时的名茶已经非常熟悉。至于西北少数民族大量接触和消费茶叶,则应是茶马古道开通之后。这一点,《封氏闻见记》亦有如下描述:"穷日尽夜,殆成风俗,始自中地,流于塞外,往年回鹘入朝,大驱名马,市茶而归。"说明我国边疆一些少数民族养成饮茶习惯甚至风俗以后,不得不通过使者或者商人,以茶马互市等方式进行茶叶贸易。

### (三)唐代茶业发展的主要原因

1.盛唐经济、文化的影响

在六朝以前,我国饮茶的普及度还很有限。那么,为何茶业是在唐高宗时期慢慢兴盛起来的呢?这与当时的社会经济和文化交流的状况是有直接联系的。

茶叶区别于粮食等刚性消费品,因此茶叶的消费往往是由当时的社会经济条件所决定的。南北朝时期,由于当时南北分裂,连年战争,经济颓废,民生凋敝,再加上交通不便,因此饮茶在那时还没有多大发展。而随着隋朝修凿的永济渠、通济渠、山阳渎、江南河的通行,客观上对沟通长江、黄河两大流域的经济和文化起到了无可估量的作用。从此,南方茶叶产区的茶叶运输到北方愈加方便,成本也大大降低,北方的茶叶贸易愈加火爆。此外,南方的饮茶文化也随着南北交流的频繁而逐渐在北方盛行起来。而盛唐时期,全国的社会经济取得巨大发展,人民生活安定富裕,也是饮茶文化能在这一时期在全国范围内传播开来的另一重要因素。

2.陆羽的倡导

至今,人们仍将陆羽奉为"茶圣"。这一尊称非常公允地评价了陆羽一生在茶业上所作的贡献。北宋梅尧臣也在《次韵和永叔尝新茶杂言》中称颂道:"自从陆羽生人间,人间相学事春茶。"可见陆羽虽然并非茶最初的发现和饮用者,但是唐代茶业的兴盛,则确实是与他的倡导分不开的。陆羽对茶业的传播和引导,首先也主要体现在其著作——《茶经》的影响上。《茶经》被誉为"茶叶百科全书",是中国乃至世界现存最早、最完整、最全面介绍茶的专著。由于陆羽《茶经》一书的传播和推广,推动和促进了唐代茶业的普及和发展。从另外一个角度来看,《茶经》的成书,包括陆羽这个既是文化大家,又是农学专家的形象,不是凭空而来的,而是随着唐代茶业大发展时期应运而生的。这一点,唐朝正史《新唐书·陆羽传》中对其的描述很贴切:"羽嗜茶,著经三篇,言茶之源、之法、之具尤备,天下益知饮茶矣。"一方面,《茶经》中关于茶的历史、制茶饮茶的方法、器具的描述,并非陆羽创造,而是其将它们进行详尽的记录;另一方面,他将其总结和提高得更加完备,自此"天下益知饮茶矣"。如宋人陈师道在《茶经序》中称:"上自宫省,下迨邑里,外及戎夷蛮狄,宾祀燕享,预陈于前,山泽以成市,商贾以起家。"说明其除了对当时茶业的推广和普及作出了巨大贡献,也为后世茶文化的传承和发展打下了坚实的基础。

3. 宗教对唐代茶事普及的影响

中国佛教是东汉明帝永平十年(公元 67 年)从印度传到中国的,此后,佛教教义逐渐同中国传统的宗教观念、伦理相结合,并吸收了大量的儒家和道家思想。到了唐代以后正宗的佛教学说已基本上被汉化,且形成了具有中国特色的佛教文化。因此,佛教不仅对中国哲学、文学、艺术和民间风俗具有深远影响,同时对茶叶的广泛传播发展、饮茶礼仪的形成也有较大影响。

佛教认为,茶有三德:一为提神,夜不能寐,有益静思;二是帮助消化,整日打座,容易积食,可以助消化;三是使人不思淫欲。唐代茶业的发展,还与唐代佛教、道教兴盛的关系密切。因为当时国力的强盛以及统治者的支持,所以唐朝的寺院经济尤为富足,随之也形成了庞大的僧道队伍。唐朝僧道既是茶的主要消费者，也是茶道、茶艺的重要倡导者。佛教注重人文关怀，主张修行悟性，以求得道成佛；僧众坐禅修行，均以茶为饮。其中除提神外，也以茶饮为长寿之方。那时僧众们非但饮茶，且广栽茶树，采制茶叶。在我国南方，几乎每个寺庙都有自己的茶园，而众寺僧都善采制、品饮。所谓"名山有名寺，名寺有名茶"，名山名茶相得益彰。而一般寺院的四周都环境优异，因而适宜茶树的栽种，故历代寺院都名茶辈出，名噪一时。如安徽名茶"黄山毛峰"，即产于黄山松谷庵、吊桥庵、云谷寺一带；名茶六安瓜片，即产于安徽齐云山蝙蝠洞附近的水井庵；而庐山以云雾著称，茶树长年生长于云雾弥漫的山腰，庐山招贤寺的寺僧们亦于白云深处劈岩削峪，广栽茶树，采制茶叶，成为著名的"庐山云雾茶"。另外，杭州龙井寺的龙井茶、余杭径山寺的径山茶、宁波天童寺的天童红茶等都为名寺名茶。茶与佛教的紧密程度是空前的。饮茶成了禅寺的日常制度，成了僧众们的主要生活内容，并由此形成了一系列庄重肃穆的饮茶礼仪。在我国的各寺院中，都专设"茶堂"，供寺僧或饮茶辩说佛理，或招施主佛友品饮清茶。一般在寺院法堂的左上角设"茶鼓"，按时敲击，以召集僧众饮茶。寺僧们坐禅时，每焚完一炷香就要饮茶，以提神集思。有的寺院还设有"茶头"，专司烧水煮茶、献茶待客；有的寺院则在寺门前站立有"施茶僧"，为游人们惠施茶水，行善举。寺院还根据不同的功用，分别冠以各种"茶名"。如以茶供奉佛祖、菩萨时，称"奠茶"；在寺院一年一度挂单时，要按照"戒腊"（即受戒）的年限先后饮茶，称"戒腊茶"；平日寺院住持请全寺僧众吃茶，称"普茶"；逢佛教节庆大典，或朝廷钦赐丈衣、锡杖时，还要举行庄严、盛大的"茶仪"。

佛教的盛行也使得"禅茶"文化在这一时期进一步得到传播和发展。例如开元年间,泰山灵岩寺大兴禅教的活动就与北方饮茶的普及有着重要联系。不少茶文化学人认为陆羽的《茶经》吸取了儒家经典《易经》里"中"的思想,这在他所制的茶器具上得到了体现。如煮茶的风炉,"风炉以钢铁铸之,如古鼎形。厚三分,缘阔九分,令六分虚中"。炉有三足,足间三窗,中有三格,"六分虚中"充分体现了《易经》"中"的基本原则。

唐代高僧怀海是"禅茶"的创始人,他制订的《百丈清规》可谓佛门茶事的集大成者,成为佛教茶仪和儒家茶道相结合的标志。

"吃茶去"公案,成为禅林法语,就是将茶升华精神的大唐禅茶文化,所谓茶禅一味。唐高僧从谂禅师,常住赵州观音寺,人称"赵州古佛"。因其嗜茶成癖,所以每说话之前总要说声"吃茶去"。《广群芳谱·茶谱》引《指月录》中载:有僧到赵州从谂禅师处,师问:"新近曾到此间么?"曰:"曾到。"师曰:"吃茶去。"又问僧,僧曰:"不曾到。"师曰:"吃茶去。"后院主问曰:"为甚么曾到也云吃茶去,不曾到也云吃茶去?"师召院主,主应喏。师曰:"吃茶去。"——并非要你直接吃茶去,而是要你作当下"悟道"。自此以后,"吃茶去"成为著名的茶文化典故。

唐朝寺院僧道吟诵茶叶的诗词特别多。僧道写作或在寺院和僧道一起饮茶的诗词,竟占《全唐诗》总数的近十分之二。并且如李白在《答族侄僧中孚赠玉泉仙人掌茶》诗的序文中所说:余游金陵,见宗僧中孚,示余茶数十片,拳然重叠,其状如手,号为"仙人掌茶"。由于唐朝茶叶以团茶为主,因此对被称为"仙人掌茶"的散茶,连见多识广的李白都感叹"举世未见之,其名定谁传"。

## 三、宋元时期

### （一）茶业重心由东向南移

时至宋朝，茶业的重心开始南移，由江浙地区慢慢移向福建和广东，其中主要表现在贡焙改置和闽南以及岭南茶业的兴起这两点上。

#### 1. 贡焙从顾渚改置建安

由于贡茶主要是为了满足天子的清明郊祭和王室近臣的分享，因此对茶叶质量和时间要求非常严格。顾渚之所以被设为唐朝贡焙，主要是因为那里植茶环境优越，并且毗邻运河和国道，交通便利。那么，为什么宋朝的贡焙会舍近求远，取址于当时交通还相当不便的建安呢？其实，宋朝改易贡焙的原因，主要还是因为当时江浙茶区的气候变化。由于升温晚，茶树发芽迟，并且时有霜冻等天气灾害影响茶叶质量和产量，不能保证茶叶在清明前贡到汴京。因此，宋朝贡焙舍近求远选择了产茶较早，能让"京师三月尝新茶"的建安。

如《茶经》"八之出"中所述："其思、播、费、夷、鄂、袁、吉、福、建、韶、象十一州未详，往往得之，其味极佳。"其中就有建安茶，说明虽然陆羽所处时代，建茶产量不多，在社会上名气也不大，但质量已属上乘。建茶名冠全国主要还是宋代的事情，"自建茶出，天下所产，皆不复可数"，其生产的发展和制茶技术的卓著可见一斑。宋经过太祖、太宗两任皇帝，统一中国，结束了五代十国的分裂割据局面，贡焙也得以恢复。建安茶因贡焙所在，品质优良，名声愈来愈大，以至于后来成为中国团茶、饼茶制作的主要技术中心。其所享有的突出地位从宋代论述建安茶的地方性茶书占了整个宋代茶书一半以上的情况便可略知一二。

2. 闽南、岭南茶业的兴起

贡焙的南移意味着茶叶技术中心的迁移,同样也伴随着生产中心的转移,唐时茶叶生产还很滞后的闽南和岭南一带的茶业,也受益于这种转移,获得了巨大的发展。入宋以后,记载闽南和岭南茶区的书籍越来越多。如乐史撰《太平寰宇记》中《江南东道》对闽南茶区就有这样的描写:福州土产茶,南剑州土产茶,有六般:白乳、金字、蜡面、骨子、山挺、银字……建安县茶山在郡北,民多植茶于此山;邵武一带土产同建州;漳州土产蜡茶;汀州土产茶。《宋史·食货志》中也有这样的记载:……片茶蒸造,实卷模中串之,唯建、剑则既蒸而研,编竹为格,置焙室中,最为精洁,他处不能造。有龙、凤、石乳、白乳之类十二等,以充岁贡及邦国之用。可见,闽南和各地的特产茶类以及品质也有相应的描述。即从宋朝起,低纬度地区的闽南、岭南茶区由于新茶早、品质优,逐渐受到统治者的青睐。在官方的引导下,这些茶区快速发展,继而在这些区域衍生出了宋代特色的茶道如"斗茶",以及相应的茶具如建盏等。

**(二)茶类的演变**

宋元茶叶生产发展的另一个重要变化,是茶类生产由团饼为主趋向以散茶为主的转变。唐朝虽然也出现了炒青和蒸青的散茶,如刘禹锡在《西山兰若试茶歌》中所说"自傍芳丛摘鹰嘴,斯须炒成满室香",但基本上是以团茶、饼茶的生产为主。到了北宋,以团饼为主的紧压茶类仍是当时茶叶生产的重要品类。

而且此时团茶的制造,在技术上不断创新,日趋精湛,如北苑贡茶的制作。据《宣和北苑贡茶录》记载:圣朝开宝末下南唐,太平兴国初,特置龙凤模,遣使即北苑造团茶,以别庶饮,龙凤茶盖始于此。由于制作工艺和压制模具的改进,使得中国古代团茶、饼茶的生产和技术,达到了一个前所未有的高度。但是,宋朝团、饼茶制作虽精,可工艺繁琐,必然导致成本增加,并且煮饮也比较费事,在饮茶愈益普及,特别是有更多的老百姓加入饮茶行列的情况下,无疑将会加速原来茶叶的传统生产格局的变革。

首先,为了适应社会上多数普通饮茶者的需要。喜爱饮茶的普通老百姓,对茶叶的要求除了价格低廉,并且希望煮饮方便。当时的紧压茶按外形分为两类,一种经过"研膏"后再在棬模中压制成饼,另一种则直接以叶形茶压制成饼。而到了宋朝,在过去团、饼制茶工艺的基础上,被称为"草茶"或"江茶"的蒸青和末茶也逐步发展了起来。宋葛立方《韵语阳秋》卷五:"自建茶入贡,阳羡不复研膏,只谓之草茶而已。"这说明,唐时的贡焙区,在宋朝的贡焙迁移后,这些老牌的茶叶产地,为了适应社会需要,改造团、饼为生产散茶了。

《宋史·食货志》中载:茶有二类,曰片茶,曰散茶。当时团、饼一类的紧压茶,称为"片茶",对不经蒸压工序的叶形茶,称为"散茶"。据有关文献记载,宋朝主要的茶区包括现在浙江的长兴、绍兴、淳安、嵊州、余杭、天台、桐庐、富阳、诸暨、杭州、临安、宁波、温州,江西的婺源、修水、南昌、宜春、樟树,四川的雅安、峨眉山、温江、邛崃、都江堰、泸州,江苏的宜兴、苏州,福建的建瓯、福州、武夷山,湖北的当阳、巴东,安徽的六安,云南的普洱、西双版纳、昆明,陕西的紫阳,河南的信阳,重庆的涪陵,广西的荔浦,几乎涵盖了当今全国的主要产茶区。但在宋朝,这些茶区中的大多数还是以片茶的生产为主,出产散茶的地区主要集中在淮南(现安徽淮南)、归州(现湖北秭归)、湖南以及江南一带。据《宋史·食货志》所述:治平中,岁入腊茶四十八万九千余斤,散茶二十五万五千余斤。尽管散茶产地和规模有限,但其产量和产值相较于唐朝已经有了很大的改观。

散茶生产经过几百年的发展,到了元朝,已经超过团茶、饼茶。元代中期成书的《王祯农书》中,记载当时的茶叶有"茗茶"、"末茶"和"腊茶"三种。"茗茶"即为有的史籍中所说的叶形茶或芽茶;"末茶"是"先焙芽令燥,入磨细碾"而成;而"腊茶"则是腊面茶的简称,就是团茶、饼茶。这三种茶,虽然以"腊茶最贵",但是"惟充贡茶,民间罕之"。可见,在元朝至少在元朝中期以前,除贡茶仍采用紧压茶以外,叶茶或末茶的采制已成社会主流。

然而,需要说明的是,宋元时期的茶类中,团茶、饼茶为传统制茶工艺的代表,而散茶代表着一种新兴的产品。受诸多的社会因素影响,散茶制作技术在民间也发展得很快,但并不是说团、饼茶的生产已经"过时"。散茶发展是为了顺应普通老百姓这类茶叶消费者简化制茶、减少烹饮过程的需要。而宋元时期的茶类转型,为后来转入明清的散茶大生产,进而走向近代发展之路,奠定了技术基础。

所谓宋元时代茶类的演变,实质上是我国茶类生产由团、饼茶向散茶转折或过渡的阶段。这不仅是制茶工艺和茶类生产上的改制,并且影响到这一时期茶文化的许多方面,诸如茶道风格的转变、茶馆文化的兴起等,都成为宋元茶事的一个重要特征。

### (三)宗教对宋代茶事普及的影响

在古代婚俗中,以茶作聘礼又自有其特殊的儒教文化意义。宋人《品茶录》云:"种茶必下子,若移植则不复生子,故俗聘妇,必以茶为礼,义故有取。"明人郎瑛《七修类稿》谓:"种茶下子,不可移植,移植则不复生也。故女子受聘,谓之吃茶。又聘以茶为礼者,见其从一之义也。"此外,王象晋《茶谱》、陈耀文《天中记》、许次纾《茶疏》等著作均有内容极为相近的记述,他们都无一例外地认为茶为聘礼,取其从一不二、决不改易的纯洁之义。因此,民间订婚有时被称之为下茶礼,即取茶性情不移而多子之意。

熟悉中国茶文化发展史的人都知道,第一个从中国学习饮茶,把茶种带到日本的是日本留学僧最澄。他于公元805年将茶种带回日本,种于比睿山麓。而第一位把中国的禅宗茶理带到日本的僧人,即宋代从中国学成归去的荣西禅师(1141—1215)。不过,荣西的茶学著作《吃茶养生记》,主要内容是从养生角度出发,介绍茶乃养生妙药、延龄仙术,同时传授我国宋代制茶方法及泡茶技术。自此,也有了"茶禅一味"的说法。这一切都说明,在向海外传播中国茶文化的过程中,佛家作出了重要贡献。

## 四、明清时期

### (一)散茶的兴起和制茶技术的革新

1.进一步破除团茶、饼茶的传统束缚,促进芽茶和叶茶的蓬勃发展

尽管宋元时期茶类生产已开始向散茶转变,但是由于贡焙

仍是团、饼茶,所以时人仍有以团、饼为"天下第一茶"的传统印象。明朝开国后,明太祖朱元璋认为团茶的生产太"重劳民力",下令"罢造龙团",改造芽茶。这一改革,从朱元璋的本意来说,是出于统治需要,想通过一系列休养生息的政策,让社会生产尽快恢复和发展,将国家从长期的战争废墟中重建起来,以稳定新建立的政权。同时,由于在他称帝前所接触的基本是流行与社会底层的散茶,因此他对散茶有着天然的亲近。这在客观上营造了全国散茶采制的新局面,对芽茶和叶茶的蓬勃发展起到了积极的推动作用。

2. 各地名茶不断涌现

明朝芽茶和叶茶的形美、内质好,各地名茶辨识度提高,种类自然大幅增加。与宋朝相比较,尽管宋朝散茶在江浙、湖南、湖北和江西一带发展很快,但文献中有记载的名茶,仅有一些文人或名人品题推介的寥寥数种,如欧阳修品评的日注茶、宝云茶,黄庭坚推介的双井茶等。但万历十九年明代扬州人黄一正编撰的《事物绀珠·茶类》所列全国各地名茶就达 97 种之多。这说明芽茶或叶茶经过数百年发展以后,到了明朝中晚期,中国从南到北、从东到西,几乎所有的茶区都形成了自己富有地方特色的代表性名茶,从而也奠定了我国近代茶业及茶叶文化的大致格局和风貌。

3. 制茶技术的革新

芽、叶茶在明朝之所以得到突飞猛进的发展,除了统治者的政策导向外,主要还得益于制茶技术的革新。宋元朝散茶的定义:蒸而不碎、碎而不拍的蒸青和末茶,虽其采制工艺流程已颇系统、完整,但远不能归之于名优茶。至明以后,炒青逐渐替代蒸青,成为名茶制作的主流工艺。如明代闻龙在《茶笺》中所说"诸名茶法多用炒,惟罗宜于蒸焙",说明高档名茶已普遍采取炒青方式制作。并且详细罗列了名茶炒制中杀青、摊凉、揉捻和焙干等过程以及技术要领。指出茶青的标准"须拣去枝梗老叶,惟取嫩叶。由须去尖与柄,恐其易焦","炒时须一人从旁扇之,以祛热气",摊凉"置大瓷盘中,仍须急扇,令热气消退",再"以重手揉之,再散入铛,文火炒干,人焙"。《茶解》中也说杀青要"初用武火急炒,以发其香,然火亦不宜太烈";炒后"必须揉挼,揉挼则脂膏熔液"。这些名茶制作工艺,通过不断进步和改良,一些甚至沿用至今。

4.各种茶类全面发展

明清时期芽、叶茶的兴盛,还表现在其他茶类的"百花齐放"。除绿茶外,明朝出现的黑茶、黄茶和白茶,以及明末清初时出现的花茶、乌龙茶和红茶等茶类,在这一时期也得到了全面发展。

如四川黑茶,虽然其出现年代可追溯到唐宋时茶马交易中早期,但当时茶马交易的茶是绿茶。由于当时交通不便、保鲜措施不当等多种原因,使得绿茶在运输过程中形成了黑茶,并未形成固定的加工工艺。直到洪武初年,四川黑茶加工工艺日趋成熟,开始大量生产,随着茶马交易的不断扩大,至明朝中晚期,云南、湖南、广西的许多地区也开始量产黑茶。至清朝后期,黑茶更成为当地的一种特产,如湖南安化的茯砖、广西梧州的六堡等。

花茶源于宋朝,蔡襄《茶录》中云:"茶有真香而入贡者,微以龙脑,欲助其香,建安民间试茶皆不入香,恐夺其真……正当不用。"但花茶的较大发展,还是兴之于明代。据明朝顾元庆《茶谱》的"茶诸法"中对花茶窨制技术的描述——"木樨、茉莉、玫瑰、蔷薇、兰蕙、桔花、栀子、木香、梅花皆可作茶。诸花开始摘其半合半放蕊之香气全者。量其茶叶多少,摘花为茶。花多则太香,而脱茶韵,花少则不香,而不尽美。三停茶而一停花始称。如木樨花须去其枝蒂及尘垢、虫蚁,用磁罐一层茶一层花相间至满,纸箬扎固,入锅重汤煮之,取出待冷用纸封裹置火上焙干收用……",说明花茶的工艺也是在明朝不断发展,走向成熟的。

乌龙茶,亦称青茶,一种半发酵茶类,虽然由宋代贡茶龙团、凤饼演变而来,但也直到明清时才首创于福建。

红茶大约产生于中国明朝后期,确切的时期至今没有得到考证。但是根据部分资料的记载以及按照茶叶生产技术发展的推断,可以确定,被称为世界红茶的鼻祖——小种红茶于这个时期诞生在福建桐木关。

明清茶类的全面发展,是当时制茶工艺水平极大提高的表现,也是商品经济发展的结果,时至清朝,茶的对外贸易也极大刺激和促进了茶叶品类的发展。

**(二)明清茶书对茶叶生产技术发展的作用**

明清茶书为我们记载了这一时期茶叶生产技术的发展情况,进而有助于我们了解茶业在这段时期发展的历史脉络。

1. 育种技术

在明以前,茶树栽种均是用茶种直播丛栽的。但是,在明末清初方以智的《物理小识》(公元 1664 年)中有记载"种以多子,稍长即移,大即难移",说明到了明朝,出现了育苗移栽的方法。

而到了清朝,据李来章撰《连阳八排风土记》(公元 1708 年)记载,甚至出现了扦插繁殖技术。

2. 栽培技术

在茶园管理技术上,明清的茶书不仅对前朝的栽培技术进行了完善与补充,并取得了重大的进步。明人罗廪在《茶解》(公元 1609 年)中就提出"茶根土实,草木杂生则不茂,春时剃草,秋夏间锄掘三四遍,则次年抽茶更盛。茶地觉力薄,当培以焦土"。又介绍添肥的"焦土"制法为"治焦土法,下置乱草,上覆以土,用火烧过"。"焦土"使用为"每茶根傍掘一小坑,培以升许,须记方所,以便次年培壅。晴昼锄过,可用米泔浇之",可谓极为详尽,非常便于理解和操作。在总结经验的基础上,更进一步提高和上升到了理论高度。

3. 制茶技术

由于明清时期芽、叶茶已成为茶叶主流,因此,此时的茶书已经开始大篇幅地介绍炒青的技术。如《茶解》中就有"炒茶,铛宜热;焙,铛宜温。凡炒止可一握,候铛微炙手,置茶铛中札札有声,急手炒匀。出之箕上,薄摊用扇扇冷,略加揉捻。再略炒,入文火铛焙干,色如翡翠"等加工细节描述;《茶疏》中也有"生茶初摘,香气未透,必借火力以发其香。然性不耐劳,炒不宜久。多取入铛,则手力不匀,久于铛中,过熟而香散矣。甚且枯焦,尚堪烹点"等制茶技术。

虽然明清时代的茶叶栽培育种及制茶技术不够纯熟,但其技术基础不仅代表了当时中国乃至世界茶叶科学技术的最高水平,而且许多技术经过改进与完善后甚至一直沿用至今。

### (三)茶业向近代转变的过程

茶叶原是中国的特产,尽管茶叶的生产和消费仍限于汉文化圈的范围,但是在漫漫的岁月长河中,在多元文化的交流与碰撞中,渐渐传播到了世界各地。从西汉张骞开拓丝绸之路,茶叶开始由此传到中亚和西亚国家,同时,海上丝绸之路也将茶叶带到东南亚甚至非洲,到唐宋时兴起茶马古道,又将茶叶传播到尼泊尔、不丹、印度等南亚国家。尤其有不少穆斯林同胞还把茶看得比大米还重要,他们称茶为"茶饭";并已形成"宁可三日无油盐,不可一日无茶饭"的饮茶习俗,就连走亲访友也常以茶叶作为馈赠礼品。另外,由于教规禁戒饮酒,因而在穆斯林地区对来往宾客历来都是以茶代酒敬献客人。不少信奉伊斯兰教的国家,如摩洛哥、阿尔及利亚、埃及、阿富汗、巴基斯坦、伊朗等都有各自独具特色的饮茶方式与礼仪,它们推动和传播了茶。前面已经介绍了日本的僧人和使臣也在文化的互访中,将茶传回本国。朝鲜在三国时期就将茶从中国引入了朝鲜半岛。据《三国史记》记载,善德女王时期新罗就已经有茶叶了。期间,新罗学者崔致远在唐时还写有《谢新茶状》描写唐的煎茶方法。欧洲最初的饮茶传播者是16世纪到中国及日本的天主教布道者葡萄牙神父克鲁士,约在1560年返国后介绍:"中国上等人家习以献茶敬客,味略苦,呈红色,可以治病,为一种药草煎成之液汁。"意大利传教士勃脱洛、利玛窦、葡萄牙神父潘多雅以及法国传教士特·莱康神父等也相继介绍:"中国人用一种药草榨汁,用以代酒,可以保健康,防疾病,并可免饮酒之害","主客见面,互通寒暄,即敬献一种沸水泡之草汁,名之曰茶,颇为名贵,必须喝二三口"。他们在学得中国的饮茶知识和习俗后,向欧洲广为传播,使得西方世界对这神秘的"东方树叶"趋之若鹜。因此,当1610年荷兰东印度公司的船队首次把少量的茶叶运回欧洲时,各国王室贵族视为奢侈品般疯狂追捧。在现存的文献中将中国茶的知识、饮茶习惯传入欧洲的最早记载是1559年威尼斯作家拉马锡所著的《中国茶》和《航海旅行记》二书。由此,茶叶的饮用很快在世界范围内风靡开来,并与丝绸、瓷器一起成为中国与西方贸易的主要物产。

## 参考文献

[1]姚国坤:《图说中国茶文化》(上册),浙江古籍出版社,2008年。

[2]叶乃兴、杨江帆、萧力争、屠幼英等:《茶学概论》,中国农业出版社,2013年。

[3]黄志根、徐波:《中华茶文化》,浙江大学出版社,2000年。

# 第二章 茶的种类及各类名茶

# 第一节　茶的种类

## 一、茶叶分类历史

我国茶区辽阔,种茶、制茶、饮茶历史悠久。经过几千年不断革新和演变,产生了各式各样、丰富多彩的茶叶品种和茶类。中国是茶树的起源地,自然条件很适宜茶树生长,品种资源丰富。而不同品种其适制性差异很大,有的品种只适制一种茶类,有的品种可以适制几种茶类,品种不同,制茶的品质也不同,品种多,茶类也多。

我国最先发明的是绿茶制法。明朝以前,生产的是单一的绿茶类,尽管命名的依据、方法很多,除以形状、色香味和茶树品种等命名外,还以生产地区、创制人名、采摘时期和技术措施以及销路等不同而命名,但不外乎都是绿茶。如唐朝时的蒸青饼茶,陆羽就以烹茶方法不同而将其分为粗茶、散茶、末茶和饼茶四类。又如宋朝时发展到蒸青散茶,据元朝马端临写的《文献通考》记载,蒸青散茶依据外形不同而分三类:片茶类,如龙凤、石乳;散茶类,如雨前、雨后;腊茶类,如腊面。到了元朝,团茶逐渐被淘汰,散茶大发展,依据鲜叶老嫩程度不同分为两类:芽茶和叶茶。前者如探春、紫笋、拣尖;后者如雨前、雨后。明朝以后,我国茶叶制作工艺获得大发展,发明了红茶、黄茶和黑茶制法,制法大革新,四种茶叶品质有明显的区别。到了清朝,制茶技术更加发达,白茶、青茶、花茶相继出现。为了应用方便,也曾建立若干不同的分类系统:以产地分,如平水茶、武夷茶;以销路分,如内销茶、外销茶;以加工方法分,如红茶、绿茶、青茶、白茶、黄茶、黑茶;以制茶季节分,如春茶、夏茶、秋茶等。

## 二、六大基本茶类加工方法

### (一)绿茶类

绿茶加工一般经过杀青、揉捻、干燥等工序,属不发酵茶,其关键性的加工工序是"杀青",总的品质特点是清(绿)汤绿叶。根据干燥方法不同,又可分为炒青绿茶、烘青绿茶、晒青绿茶等。

### (二)黄茶类

黄茶加工一般经过摊青、杀青、揉捻、闷黄、干燥等工序,属后发酵茶。总的品质特点是黄汤黄叶,如广东大叶青、四川蒙顶黄芽、莫干黄芽、湖南君山银针等。

### (三)黑茶类

黑茶加工一般经过杀青、揉捻、沤堆、干燥、毛茶蒸堆、压制等工序,属后发酵茶。主要品质特点是毛茶色泽油黑或暗褐,茶汤褐黄或褐红,如各种砖茶、普洱茶、六堡茶等。

### (四)白茶类

白茶加工一般经过萎凋、干燥等工序,属微发酵茶。主要品质特点是茶芽满披白毫茸毛,汤色浅淡,呈浅杏黄色,如白毫银针、白牡丹等。

### (五)青茶类(乌龙茶)

青茶类加工一般经过轻萎凋、做青、杀青、揉捻、干燥等工序,属半发酵茶。主要品质特点是叶底绿叶红镶边,汤色金黄,香高味醇,如铁观音、武夷岩茶、凤凰单枞等。

### (六)红茶类

红茶类加工一般经过萎凋、揉捻(揉切)、发酵、干燥等工序,属全发酵茶。总的品质特点是红汤红叶,如红碎茶、工夫红茶、小种红茶等。

## 三、六大基本茶类的品类

依据茶叶的加工原理和方法、茶叶的品质特点,同时参考贸易上的习惯,将茶分为基本茶类和非基本茶类两大部分。其中六大基本茶类的主要品类如表 2-1 所示。

表 2-1　主要基本茶类的品类

| | | |
|---|---|---|
| 绿茶类 | 炒青 | **长炒青** 粤绿、琼绿、桂绿、滇绿、黔绿、川绿、陕绿、豫绿、苏绿、杭绿、温绿、舒绿、屯绿、遂绿、婺绿、饶绿、赣绿、湘绿、闽绿、鄂绿、广东英德绿茶、清明碧绿、英华绿茶、白沙绿茶、岩背绿茶、海南五指山绿茶 |
| | | **圆炒青** 浙江平水珠茶、泉岗辉白、涌溪火青、江西窝坑茶 |
| | | **曲炒青** 广东英德碧螺春、绒螺,浙江普陀佛茶,安徽黄山银钩、休宁松萝茶,江苏碧螺春,四川蒙顶甘露,贵州都匀毛尖,湖南碣滩茶,台湾三峡碧螺春 |

续表

| | | | |
|---|---|---|---|
| 绿茶类 | 炒青 | 扁炒青 | 浙江龙井、西湖龙井、大佛龙井、千岛玉叶、杭州旗枪、安徽老竹大方、西涧春雪,贵州湄江翠片、四川竹叶青、江苏太湖翠竹、宜兴荆溪云片、镇江金山翠芽,云南大关翠华茶,台湾三峡龙井 |
| | | 特种炒青 | 广东英德毛尖、岩雾尖,广西凌云白毫,云南苍山雪绿、墨江云针,陕西紫阳毛尖,湖北保康松针,湖南古丈毛尖,江西遂川狗牯脑、庐山云雾,福建雪芽,浙江金奖惠明,安徽九华毛峰,江苏南京雨花茶 |
| | 烘青 | 条形茶 | 广东英德大银毫茶、仁化银毫、乐昌白毛、广北银尖、连州毛尖,广西桂平西山茶,云南南糯白毫,贵州龙泉剑毫,重庆永川秀芽,四川峨眉峨蕊,陕西紫阳银针,甘肃龙神翠竹,湖北采花毛尖,湖南安化松针,福建天山雀舌,江西婺源茗眉,浙江顾渚紫笋,安徽黄山毛峰、敬亭绿雪,江苏金山翠茗,河南信阳毛尖 |
| | | 曲形茶 | 广西贵港覃塘毛尖、贵州羊艾毛峰、四川峨眉毛峰、陕西巴山碧螺、山东日照雪青、江苏无锡毫茶、浙江临安蟠毫、安徽歙县银钩、江西婺源天文公银毫、湖南湘波绿 |
| | | 扁形茶 | 陕西泰巴雾毫、汉水银梭,江苏金山翠芽、金坛雀舌,浙江安吉白片,安徽六安瓜片、太平猴魁、天柱剑毫 |
| | | 兰花形 | 安徽霍山一枝香、舒城兰花、岳西翠兰、浙江兰溪毛峰、建德苞茶、东白春芽,陕西午子仙毫、小兰花茶 |
| | | 菊花形 | 湖北保康菊花茶,江西婺源墨菊,安徽霍山菊花茶、黄山绿牡丹 |
| | | 其他花形 | 浙江江山绿牡丹(牡丹花形)、安徽霍山梅花茶(梅花型)、福建武夷龙须茶(束形)、四川雷山银球茶(圆球形)、江西泉港龙爪(爪形) |
| | 蒸青 | 圆形茶 | 浙江、福建、安徽、广东、日本等地生产的煎茶,日本眉茶 |
| | | 针形茶 | 湖北恩施玉露、日本玉露 |
| | | 特种茶 | 湖北当阳仙人掌茶、江苏阳羡蒸青、广西巴马茶、广东英德蒸青绿茶 |
| | 晒青 | 芽尖茶 | 云南毛尖、英德银尖、春蕊、春芽、春尖 |
| | | 条形茶 | 滇青、黔青、川青、陕青、豫青、鄂青、湘青、粤青 |

续表

| | | |
|---|---|---|
| 红茶类 | 工夫红茶 · 芽形茶 | 金芽、金尖、金毫、紫毫、英红九号、英德金毫红茶，云南金芽茶，浙江九曲红梅（龙井红） |
| | 工夫红茶 · 叶形茶 | 粤红、英红、祁红、滇红、桂红、琼红、湘红、川红、越红、浮红、霍红、宜红、宁红、闽红、镇江红、政和工夫、台湾工夫 |
| | 工夫红茶 · 碎片末 | 碎茶、片茶、末茶、副片、正花香、副花香 |
| | 红碎茶 · 叶茶类 | 花橙黄白毫、橙黄白毫、白毫、白毫小种、小种 |
| | 红碎茶 · 碎茶类 | 花碎橙黄白毫、碎橙黄白毫、碎白毫、碎白毫小种、碎橙黄白毫屑片、碎小种 |
| | 红碎茶 · 片茶类 | 花碎橙黄白毫花香、碎橙黄白毫花香、白毫花香、橙黄花香、花香 |
| | 红碎茶 · 末茶类 | 末1、末2 |
| | 小种红茶 | 正山小种、外山小种 |
| 青茶类（乌龙茶） | 闽北乌龙茶 | 奇种、单枞奇种、名枞奇种（大红袍、铁罗汉、白鸡冠、水金龟）、岩水仙、武夷肉桂；水吉、建瓯等地生产的乌龙、水仙 |
| | 闽南乌龙茶 | 乌龙、色种、梅占、奇兰、毛蟹、铁观音、黄金桂、永春佛手、漳平水仙饼茶 |
| | 广东乌龙茶 | 水仙、浪菜、色种、奇兰、凤凰单枞、岭头单枞、石鼓坪乌龙、西岩乌龙、英洲一号乌龙 |
| | 台湾乌龙茶 | 梨山茶、文山包种、冻顶乌龙、金萱乌龙、翠玉乌龙、阿里山乌龙、人参乌龙、杉林溪乌龙 |
| 黄茶类 | 黄芽茶 | 君山银针、蒙顶黄芽、莫干黄芽 |
| | 黄小茶 | 沩山毛尖、北港毛尖、远安鹿苑、平阳黄汤 |
| | 黄大茶 | 皖西黄大茶、广东大叶青 |
| 白茶类 | 全萎凋 | 政和银针、白毫银针、上饶白眉、仙台大白茶、白牡丹、英德白茶 |
| | 半萎凋 | 土针、白琳银针、白毫银针、白云雪芽、贡眉、寿眉、新白茶、水吉白牡丹 |
| 黑茶类 | 湖南黑茶 | 茯砖、花砖、黑砖、湘尖、贡尖、生尖、天尖、千两茶 |
| | 湖北老青砖 | 青砖 |
| | 四川边毛茶 | 重庆沱茶、康砖、金尖、方包、茯砖 |
| | 滇桂黑茶 | 普洱散茶、普洱沱茶、普洱七子饼、下关沱茶、圆饼、六堡茶、六堡散茶 |

### 四、非基本茶类

除六大基本茶类外，将再加工形成的各种花茶、保健茶、调制茶、造型茶、代用茶及茶的深加工产品归类于非基本茶类。主要归纳如表 2-2 所示。

表 2-2 主要非基本茶类的品种

| | | |
|---|---|---|
| 再加工茶 | 花茶类 | |
| | 绿茶型 | 茉莉花茶、珠兰花茶、玫瑰花茶、米兰花茶、橘子花茶、桂花花茶、代代花茶、金银花茶、茉莉龙珠 |
| | 红茶型 | 玫瑰红茶、桂花红茶、茉莉红茶、墨红红茶、香饼茶、莲花红茶 |
| | 乌龙型 | 桂花乌龙、珠兰乌龙、桅子乌龙、龙团香茶 |
| | 果味型 | 袋泡苹果茶、袋泡荔枝红茶、袋泡蜜桃茶 |
| | 保健型 | 袋泡苦丁茶、袋泡杜仲茶、袋泡山楂茶 |
| | 香味型 | 袋泡香兰茶、袋泡桂皮茶 |
| | 保健茶类 | 减肥茶、降压茶、降糖茶、戒烟茶、解酒茶、益寿茶、健美茶、健胃茶、清音茶、中天茶、竹壳茶、健身降脂茶 |
| | 香（果）味茶类 | 英德金毫、荔枝红茶、柠檬红茶、果汁红茶、果酱红茶、苹果红茶、桂花红茶、玫瑰红茶、桂皮红茶、水蜜桃红茶、弥猴桃红茶、凤梨茶、香兰茶、薄荷茶、玫瑰香茶、桂花香茶、桂皮红茶 |
| | 调制茶类型 | 酥油茶、打油茶、奶油茶、泡沫红茶、珍珠奶茶、红石榴茶、水蜜桃奶茶、桂香奶茶、蒙古奶茶、英式奶茶、伯爵奶茶、奶红茶、橘子汁红茶、薄荷红茶、椰子汁红茶、蜂蜜红茶、杏仁红茶、肉桂红茶 |
| | 造型茶类 | 银球茶、绣球茶、兰花形茶、菊花形茶、牡丹花形茶、五星形茶 |
| | 茶食品类 | 茶鱼片、茶虾仁、茶腰花、茶蒸蛋、茶水饺、茶番茄汤、红茶焖牛肉、清蒸茶鲫鱼、乌龙茶香鸡、茶煎牛排、茶糖果、茶饼干、茶挂面、茶面包、茶糕点、茶点心、茶甜筒、茶果冻、茶果脯、茶冰棒、茶雪糕 |
| | 特种茶类 | 腌茶、烤茶、擂茶、酸奶茶、青竹茶、盐巴茶、罐罐茶、三道茶、红茶菌 |

续表

| | | 萃取茶类 | 浓缩茶、速溶茶 | | |
|---|---|---|---|---|---|
| 深加工茶 | | | 茶饮料 | 纯茶饮料 | 绿茶、红茶、乌龙茶、花茶等 |
| | | | | 调味饮料 | 冰茶、暖茶、桂园茶、茶汽水、茶可乐、茶香槟、茶冰淇淋 |
| | | 提取茶有效成分 | 茶多酚、茶色素、茶皂素、茶氨酸、茶籽油、儿茶素、咖啡因、保鲜剂、除臭剂、抗氧化剂 | | |
| | | 茶药品与茶保健品类 | 茶多酚减肥胶囊、茶多酚降脂胶囊、茶多酚美容胶囊、心脑健胶囊、醒脑健身胶囊、茶树菇胶囊、肾康片、茶多酚降脂延衰片、复方茶树菇冲剂、Veregen、γ-氨基丁酸粉末茶、绿茶美人沐浴液、复方茶多酚漱口服液、克菌清、茶叶洗发香波、茶洁面奶、茶化妆液、茶沐浴液、茶防晒霜、茶护肤霜、茶香皂 | | |
| | | 茶花果实类 | 茶花茶、茶花粉产品、茶花幼果食品、茶籽油、茶皂甙、茶酒、茶饲料、农药、茶渣肥料、糠醛、单宁、多缩戊糖、洗护发用品、茶叶化妆品 | | |
| | | 废茶类 | 重金属离子吸附剂、加工脱色剂、脱硫剂、抑制病毒液、动物饲料、肥料、枕芯、三十烷醇 | | |
| 代用茶类 | | 植物代用茶 | 苦丁茶、菊花茶、野菊花茶、野藤茶、甜叶菊、柿叶茶、杜仲茶、麦冬茶、银杏茶、祛湿茶、竹叶茶、竹壳茶、广东凉茶、溪黄草茶、藏红花茶、桑菊茶、罗汉果茶、车前草茶、玉米须茶、山楂叶茶、枸杞茶、灵芝茶、桑叶茶、金银花茶、糖梨叶茶、金钱草茶、芦荟灵芝茶、中华弥猴桃茶、水蜜桃茶、野甜茶 | | |
| | | 其他代用茶 | 鱼茶、虫屎茶、蚂蚁茶、蛇胆茶、陕西汉中清茶、面茶、甘肃裕固族酥油炒面茶、大西北回族八宝茶、三炮台碗子茶、湖南苗族虫茶、广西桂林龙珠茶（虫屎茶）、麦饭石茶 | | |

说明：国家标准化管理委员会公告，中国茶叶分类新国家标准于2014年6月22日起实施，以生产工艺、产品特性、茶树品种、鲜叶原料和生产地域为分类原则将茶分为十类：红茶、绿茶、青茶、白茶、黄茶、黑茶、花茶、紧压茶、袋泡茶、粉茶。

## 第二节 各类名茶及其图谱

### 一、绿茶

1. 西湖龙井

西湖龙井茶产于浙江省杭州市狮峰山、龙井村、灵隐、五云山、虎跑、梅家坞一带,是中国十大名茶之首。具有 1200 多年历史,明代列为上品,清顺治时期列为贡品。清乾隆游览杭州西湖时,盛赞龙井茶,并把狮峰山下胡公庙前的十八棵茶树封为"御茶"。其茶有"四绝":色绿、香郁、味甘、形美。特级西湖龙井茶扁平、光滑、挺直,色泽嫩绿光润,香气鲜嫩清高,滋味鲜爽甘醇,叶底细嫩呈朵。

2. 径山茶

径山茶产于浙江省杭州市余杭区境内、天目山东北峰的径山,因产地而得名。其历史悠久,始于唐朝开寺僧法钦,钦师曾植茶树数株,采以供佛,逾年蔓延山谷,其味鲜芳特异。径山茶外形细嫩有毫,色泽绿翠,香气清馥,汤色嫩绿莹亮,滋味嫩鲜。

### 3.天目青顶

天目青顶又称天目云雾茶,产于浙江省临安东天目山的太子庙、龙须庵、溪里、小岭坑、朱家村及森罗坪等地。按采摘时间、标准及焙制方法不同,分为顶谷、雨前、夏乌、梅尖、梅白、小春等品类。其成品茶挺直成条,叶质肥厚,芽毫显露,色泽深绿,滋味鲜醇爽口,清香持久,汤色清澈明净,芽叶朵朵可辨。

### 4.千岛玉叶

千岛玉叶茶原称千岛湖龙井,产于浙江省淳安县千岛湖畔。1983年浙江大学(原浙江农业大学)教授庄晚芳等专家到淳安考察,品尝了当时的千岛湖龙井茶后,根据千岛湖的景色和茶叶特点,提名"千岛玉叶"。千岛玉叶条直扁平,挺似玉叶,芽壮显毫,翠绿嫩黄,香气清高,隽永持久,滋味醇厚,鲜爽耐泡,汤色明亮,厚实匀齐。

### 5.婺州举岩

婺州举岩又称金华举岩,属半烘炒绿茶,产于浙江金华北山村一带。产地峰石奇异,巨岩耸立,此石犹如仙人所举,因而称其"举岩茶"。因其汤色如碧乳,古时称婺州碧乳茶。举岩茶外形茶条紧直略扁,茸毫依稀可见,色泽银白交辉,清香持久。

### 6.雪水云绿

雪水云绿产于浙江省桐庐县境内,生长在云雾缭绕的高山上,故称"雪水云绿",属绿茶类针形名茶。成品外形紧直略扁、色泽嫩绿、香气清高、滋味鲜醇、汤澈芽立。

### 7. 开化龙顶

开化龙顶产于钱塘江源头浙江省开化县，于 1957 年开始研制。龙顶茶芽壮显毫，形似青龙盘白云。沸水冲泡后，芽尖竖立，如幽兰绽开，汤色清澈明亮，味爽清新，

齿留余香，冲泡三次，仍有韵味。成品色泽翠绿多毫，条索紧直苗秀；香气清高持久，具花香，滋味鲜爽浓醇，汤色清澈嫩绿；叶底成朵明亮。

### 8. 松阳银猴

松阳银猴茶为浙江省松阳县新创制的名茶之一。成品外形条索粗壮、弓弯似猴，满披银毫，色泽光润；香高持久，滋味鲜醇爽口，汤色清澈嫩绿；叶底嫩绿成朵，匀齐明亮。

### 9. 仙都曲毫

仙都曲毫产于浙江省缙云县。其品质特点明显，外形壮实卷曲，白毫显露，色绿光润，香气高鲜，味鲜醇爽口，汤色清澈明亮，叶底肥壮成朵、嫩绿明亮。

### 10. 江山绿牡丹

绿牡丹产于浙江省江山市保安乡仙霞岭北麓、尤溪两侧山地，以裴家地、龙井等村所产品质最佳。始制于唐代，北宋文豪苏东坡誉之为"奇茗"，明代列为御茶。其品质特点是：条直形状自然，白毫显露，色泽翠绿诱人，香气清高，滋味鲜醇爽口，汤色碧绿清澈，芽叶朵朵分明，叶色嫩绿明亮。

### 11.临海蟠毫

临海蟠毫产于浙江省临海市灵江南岸的云峰山,属绿茶类。临海蟠毫具有"三绿"特色,即色泽翠绿、汤色碧绿、叶底嫩绿。外形条索嫩匀、锋苗挺秀、茸毫显露,香似珠兰花香。芬芳鲜爽,滋味浓厚回甘,犹如新鲜橄榄,汤色清澈明亮,经泡耐饮,冲泡 3～4 次,茶味犹存。

### 12.金奖惠明

金奖惠明茶主要产于浙江省景宁畲族自治县红垦区赤木山惠明寺及际头村附近。明成化年间列为贡品。其色泽翠绿光润,银毫显露。冲泡后滋味鲜爽甘醇,带有兰花及水果香气,茶汤清澈明绿,旗枪朵朵,交相辉映。有人很形象地赞道:"一杯淡,二杯鲜,三杯甘醇,四杯韵犹存。"

### 13.庐山云雾茶

庐山云雾茶产于江西庐山。其芽肥绿润多毫,条索紧凑秀丽,香气鲜爽持久,滋味醇厚甘甜,汤色清澈明亮,叶底嫩绿匀齐,是绿茶中的精品,以"味醇、色秀、香馨、液清"而久负盛名。

### 14.狗牯脑

狗牯脑茶产于江西省遂川县汤湖镇狗牯脑山,1915 年在美国旧金山举办的巴拿马万国博览会上获得金质奖章和奖状。鲜叶采自当地群体小叶种,每年清明前后开采,标准为一芽一叶。成品外形紧结秀丽,白毫显露,芽端微勾;香气高雅,略有花香,泡后速沉，汤色清明，滋味醇厚；叶底黄绿。

15. 阳羡雪芽

阳羡雪芽产于江苏省宜兴南部阳羡游览景区。外形纤细挺秀，色绿润，银毫显露，香气幽雅，制作精细；滋味浓厚清鲜，汤色清澈明亮；叶底幼嫩，色绿黄亮。

16. 雨花茶

雨花茶产于江苏省南京市中山陵，1959 年被评选为我国十大名茶之一。谷雨前采摘一芽一叶的嫩叶，长 2.5 厘米～3 厘米。其干茶外形如松针，尖细挺直，外形圆绿，如松针，带白毫，紧直；内质滋味鲜醇爽口，香气幽雅，汤色青绿明亮，叶底匀嫩。一经冲泡，芽如翡翠，清香四溢。

17. 碧螺春

碧螺春产于江苏省苏州市吴县太湖的洞庭山（今苏州吴中区），所以又称"洞庭碧螺春"。传说已有 1300 多年的采制历史，清康熙三十八年（公元 1699 年）康熙皇帝南巡时所命名。其条索紧结，卷曲如螺，白毫毕露，银绿隐翠，叶芽幼嫩。冲泡后茶叶徐徐舒展，上下翻飞，茶水银澄碧绿，清香袭人，口味凉甜，鲜爽生津。

18. 蒙顶甘露

蒙顶甘露主产于地跨四川省名山、雅安两县的蒙山，是中国最古老的名茶，被尊为茶中故旧，名茶先驱。四川蒙顶山上仍保留着

清峰汉代甘露祖师吴理真手植七株仙茶的遗址。其紧卷多毫，浅绿油润，叶嫩芽壮，芽叶纯整，汤黄微碧，清澈明亮，香馨高爽，味醇甘鲜。

### 19. 竹叶青

竹叶青产于四川省峨眉山。外形扁平光滑、挺直秀丽，匀整、匀净，干茶色泽嫩绿油润；香气浓郁持久，汤色嫩绿明亮，滋味鲜嫩醇爽，叶底完整、黄绿明亮。

### 20. 信阳毛尖

信阳毛尖主要产于河南省信阳市、新县和商城县及境内大别山一带，1915 年在巴拿马万国博览会上与贵州茅台同获金质奖。外形细、圆、光、直，多白毫，色泽翠绿，冲后香高持久，滋味浓醇，回甘生津，汤色明亮清澈。

### 21. 恩施玉露

恩施玉露产于世界硒都——湖北省恩施市南部的芭蕉乡及东郊五峰山，是中国保留下来的为数不多的一种蒸青绿茶，其制作工艺及所用工具相当古老，与陆羽《茶经》所载十分相似。其条索紧细、圆直，外形白毫显露，色泽苍翠润绿，形如松针，汤色清澈明亮，香气清鲜，滋味醇爽，叶底嫩绿匀整。

### 22. 碣滩茶

碣滩茶产于湖南武陵山沅水江畔的沅陵碣滩山区，从唐代到宋元明清各代，一直都是朝廷的贡茶。其外形条索紧细，挺秀显毫,色泽绿润,内质香高持久,有栗香气,滋味鲜醇甘爽,饮后回甘,冲泡后汤色黄绿清透,开始芽嘴冲向水面,渐渐吸水后浸大张开,竖立游空,接着徐徐下沉杯底,三起三落,宛如戏虾。

23.羊岩勾青

羊岩勾青主要产于浙江省临海市羊岩山茶场。其品质特点是:成品茶形状勾曲、条索紧实,色泽鲜嫩翠绿,汤色清澈透亮,香气高香持久,滋味醇爽,耐泡;叶底细嫩成朵、嫩绿柔软。

24.午子仙毫

午子仙毫产于陕西省汉中市西乡县,创制于 1984 年,是陕西省名牌产品。其外形匀齐显毫,细秀如眉,其状似兰花,色泽翠绿鲜润,白毫满披;汤色嫩绿明亮,清香持久,茶汤入口后甘鲜,浓醇爽口。

25.黄山毛峰

黄山毛峰主要产于安徽黄山汤口、祁门凫峰、富溪一带,1875年清朝光绪纪元始制。其品质特点是:条索细扁,翠绿之中略泛微黄,色泽油润光亮;尖芽紧偎叶中,形似雀舌,并带有金黄色鱼叶,又称"叶笋"或"金片"。

26.太平猴魁

太平猴魁产于安徽省黄山市北麓的黄山区(原太平县)新明、龙门、三口一带。属绿茶类尖茶,为中国历史名茶,创制于

1900年。外形两叶抱芽,扁平挺直,自然舒展,白毫隐伏,有"猴魁两头尖,不散不翘不卷边"之称。叶色苍绿匀润,叶脉绿中稳红,兰香高爽,滋味醇厚回甘,有独特的猴韵,汤色清绿明澈,叶底嫩绿匀亮,芽叶成朵肥壮。

### 27. 顶谷大方

顶谷大方又名竹铺大方、拷方,普通大方色泽深绿褐润似铸铁,形如竹叶,故称"铁色大方"。大方茶产于黄山市歙县的竹铺、金川、三阳等乡村,尤以竹铺乡的老竹岭、大方山和金川乡的福泉山所产的品质最优,被誉称"顶谷大方"。其品质特点是:外形扁平匀齐,挺秀光滑,翠绿微黄,色泽稍暗,满披金毫,隐伏不露;汤色清澈微黄,香气高长,有板栗香,滋味醇厚爽口,叶底嫩匀,芽叶肥壮。

### 28. 六安瓜片

六安瓜片,简称瓜片,产于安徽省六安,中国十大历史名茶之一。唐称"庐州六安茶",为名茶;明始称"六安瓜片",为上品、极品茶;清为朝廷贡茶。采自当地特有品种,经扳片、剔去嫩芽及茶梗,通过独特的传统加工工艺制成的形似瓜子的片形茶叶。其外形似瓜子形的单片,自然平展,叶缘微翘,色泽宝绿,大小匀整,不含芽尖、茶梗,清香高爽,滋味鲜醇回甘,汤色清澈透亮,叶底绿嫩明亮。过去根据采制季节分成两个品种:谷雨前提采的称"提片",品质最优;其后采制的大宗产品称"梅片"。

29.涌溪火青

涌溪火青产于安徽省泾县城东 70 公里涌溪山的丰坑、盘坑、石井坑湾头山一带。其外形腰圆,紧结重实,色泽墨绿,油润显毫,白毫隐伏,毫光显露,形如珠粒,落杯有声,入水即沉,回味甘甜。冲泡后形似花苞绽放,幽兰出谷,花香浓郁(细究其香气,因其产地、加工的差异会呈现出兰花香、甜花香、毫香等不同的香气),鲜爽持久;滋味醇厚、爽口甘甜,经久耐泡;汤色黄绿,清澈明亮;叶底嫩匀成朵、杏黄明亮有光泽。

30.大佛龙井

大佛龙井产于中国名茶之乡——浙江省新昌县。分为绿版和黄版。前者要求所炒制的茶叶绿多黄少,达到色泽嫩绿鲜润,香气清香持久,滋味鲜爽甘醇,汤色杏绿明亮,叶底细嫩成朵。后者要求所炒制的茶叶黄多绿少,香高味浓,后续栗果香较为明显。

31.望海茶

望海茶创制于 1980 年,产于浙江宁海县马岙乡望海岗茶场,位于新昌、天台、宁海三县交界。外形细嫩挺秀,翠绿显毫。内质清香持久,滋味鲜爽回甘,汤色嫩绿明亮,叶底嫩绿成朵。

32.绿剑茶

绿剑茶是西施故里浙江诸暨市新创制的一种名茶。其品质特点是:形若绿色宝剑,色泽嫩绿,滋味清醇,香气清高,汤色清澈,叶底

全芽嫩绿明亮。冲泡时芽头笔立,犹如绿剑群聚,栩栩如生。

### 33. 安吉白茶

安吉白茶产于浙江省北部安吉县天目山北麓,是一种珍罕的变异茶种,属于"低温敏感型"茶叶。茶树产"白茶"时间很短,通常仅一个月左右。其外形挺直略扁,形如兰蕙;色泽翠绿,白毫显露;冲泡后,清香高扬且持久。滋味鲜爽,饮毕唇齿留香,回味甘而生津。叶底嫩绿明亮,芽叶朵朵可辨,呈现玉白色。安吉白茶还有一种异于其他绿茶之独特韵味,即含有一丝清冷如"淡竹积雪"的奇逸之香。

### 34. 景宁白茶

景宁白茶生长于浙江省景宁畲族自治县鹤溪镇惠明寺村。相传唐代惠明和尚开始种茶时为仙人所赠。3、4 月,新茶如玉,整树洁白,远看似锦袍披身,非常醒目。茶芽滋味特别甘甜鲜醇,其成品比普通绿茶氨基酸含量高,茶多酚少,香味独特,为茶中珍品。其叶芽制成茶,冲泡后,汤色嫩绿,叶底洁白,兰花香浓,汤味特别鲜爽甘甜,回味特别强。人称"白玉仙茶"、"兰花茶"、"惠明白茶"。

### 35. 宁波白茶

宁波白茶采用低温敏感型白色系白化茶品种的白化鲜叶为原料,由于白化只在春季表现,因此也只能采制春茶。尤以色有"三变"、泡有"三趣"、品有"三绝"而称奇。其芽叶抱折成卷、曲如钩月,绿翠镶金色;香清高持久,味特鲜醇,爽口有回甘,汤色杏绿,叶底乳白,叶脉翠。

## 二、红茶

### 1. 正山小种

正山小种红茶是最古老的一种红茶,是世界红茶的鼻祖,又称拉普山小种,18 世纪后期首创于福建省崇安县(1989 年崇安撤县设市,更名为武夷山市)桐木关地

区。历史上该茶以星村镇为集散地,故又称星村小种。它是用松针或松柴熏制而成,有着非常浓烈的香味。桐木红茶外形条索肥实,色泽乌润,泡水后汤色红浓,香气高长带松烟香,滋味醇厚,带有桂圆汤味,加入牛奶茶香味不减,形成糖浆状奶茶,液色更为绚丽。其成品茶外形紧结匀整,色泽铁青带褐,较油润,有天然花香,香不强烈,细而含蓄,味醇厚甘爽,喉韵明显,汤色橙黄清明,叶底欠匀净,与其他茶拼配,能提高味感。

### 2. 坦洋工夫

坦洋工夫红茶源于福建省福安境内白云山麓的坦洋村,是福建三大工夫红茶之首。公元 1915 年荣获巴拿马万国博览会金奖。清代时列为英国王室特供茶。其主要品质特点

是:外形条索紧细匀直,叶色润泽,净度良好,毫尖金黄,香气高锐持久,滋味浓醇鲜爽,醇甜、有桂圆香气,汤色红亮,叶亮红明。

### 3. 祁门工夫

祁门工夫红茶,简称祁红,产于安徽省祁门、东至、贵池、石台、黟县,以及江西的浮梁一带。是中国历史名茶,世界三大高香红茶之一,红茶中的极品。是英国女王和王室的至爱饮品,美称"群芳最"、"红茶皇后"。其品质特点是:外形条索紧细匀整,锋苗秀丽,色泽乌润(俗称"宝光");内质清芳并带有蜜糖香味,上品茶更蕴含着兰花香(称"祁门香"),馥郁持久;汤色红艳明亮,滋味甘鲜醇厚,叶红亮。

### 4. 滇红

云南红茶,简称滇红,产于云南省南部与西南部的临沧、保山、凤庆、西双版纳、德宏等地。采用优良的云南大叶种茶树鲜叶,其外形各有特定规格,身骨重实,色泽调匀,冲泡后汤色红鲜明亮,金圈突出,香气鲜爽,滋味浓强,富有刺激性;叶底红匀鲜亮,加牛奶仍有较强茶味,呈棕色、粉红或姜黄鲜亮,以浓、强、鲜为其特色。

### 5. 英红

英德红茶,简称英红,20世纪50年代由广东英德茶场始制成功,历史虽不长,却已扬名四海。因其成品外形重实、色泽乌润、茶色红艳、香气浓郁、口感极好等特点,备受品茶人士的青睐。

### 6. 宜红

宜红工夫茶,简称宜红,主要产于湖北省宜昌、恩施两地区。问世于 19 世纪中叶,至今已有百余年历史,早在茶圣陆羽的《茶经》之中便有相关的记载。其品质特点是:条索紧细,有金毫,色泽乌润,内质香味高长,味道鲜醇,汤色红亮,叶底柔软,茶汤稍冷后有"冷后浑"的现象产生。

### 7. 宁红

宁红工夫茶,简称宁红,主要产于江西修水地区,是我国最早的工夫红茶之一。其品质特点是:外形条索紧结圆直,锋苗挺拔,略显红筋,色乌略红,光润;内质香高持久似祁红,滋味醇厚甜和,汤色红亮,叶底红匀。高级茶"宁红金毫"的品质特点是:条索紧细秀丽,金毫显露,多锋苗,色乌润,香味鲜嫩醇爽,汤色红艳,叶底红嫩多芽。

### 8. 九曲红梅

九曲红梅,简称九曲红,产于杭州西湖区双铺镇的湖埠、上堡、大岭、张余、冯家、灵山、社井、仁桥、上阳、下阳一带,尤以湖埠大坞山所产品质最佳。其品质特点是:外形条索细若发丝,弯曲细紧如银钩,抓起来互相勾挂呈环状,披满金色的绒毛;色泽乌润,滋味浓郁,香气芬馥,汤色鲜亮,叶底红艳成朵。

### 9.竹海金茗

竹海金茗产于江苏宜兴茗岭地区,是江苏省唯一的红茶类名茶。其品质特点是:条索细紧,色泽乌润,金毫披露,汤色橙红明亮,香气浓郁持久,滋味甘醇浓厚,叶底嫩匀黄亮。

### 10.川红工夫

川红工夫产于四川省宜宾等地,是20世纪50年代研制的工夫红茶。其品质特点是:外表条索肥壮圆紧,显金毫,色泽乌黑油润,内质香气清鲜带枯糖香,滋味醇厚鲜爽,汤色浓亮,叶底厚软红匀。

### 11.日月潭红茶

日月潭红茶产于台湾省南投县鱼池、埔里、水里地区,鲜叶为阿萨姆品种。其品质特点是:形状条索精细紧结匀整,触感重实有光泽,多白毫,以黄金色白毫最优。色泽带紫黑色至紫红色,近紫色光泽为佳。汤色鲜明艳红,澄清明亮,茶汤沿杯缘,有明亮黄金色者最优。香气清纯浓郁为佳,清高而长,具有花香、果香者为最优;麦芽香次之。滋味醇和回甘,浓强鲜爽最优。叶底肥嫩鲜活,红匀明亮为优。

### 12.海南红茶

海南红茶主要分布在五指山和尖峰岭一带,由海南大叶种制得。其成品茶的品质特点是:外形条索粗壮紧实,色泽乌黑油润,内质汤色红亮,香气高而持久,滋味浓强鲜爽并富有刺激性,叶底红匀,添加牛奶后色红味活。

### 三、黄茶

#### 1.君山银针

君山银针产于湖南岳阳洞庭湖中的君山,因形细如针而得名。其成品茶芽头茁壮,长短大小均匀,茶芽内面呈金黄色,外层白毫显露完整,而且包裹坚实,茶芽外  形很像一根根银针,雅称"金镶玉"。全由芽头制成,茶身满布毫毛,色泽鲜亮;香气高爽,汤色橙黄,滋味甘醇。虽久置而其味不变。冲泡时可从明亮的杏黄色茶汤中看到根根银针直立向上,几番飞舞之后,团聚一起立于杯底。

#### 2.北港毛尖

北港毛尖是条形黄茶的一种,产于湖南省岳阳市北港和岳阳县康王乡一带。其成品外形呈金黄色,毫尖显露,茶条肥硕,汤色澄黄,香气清高,滋味醇厚,甘甜爽口。

#### 3.远安鹿苑

远安鹿苑产于湖北省远安县鹿苑寺一带。以揉捻后久堆焖黄的方式制作。色泽金黄,香气馥郁芬芳,汤色杏黄明亮,滋味醇厚甘凉。

#### 4.蒙顶黄芽

蒙顶黄芽产于四川省名山县蒙顶山。其外形扁直,芽条匀整,色泽嫩黄,芽毫显露,甜香浓郁,汤色黄亮透碧,滋味鲜醇回甘,叶底

全芽嫩黄。

5.霍山黄芽

霍山黄芽产于安徽省霍山县,为中国名茶之一。其外形条直微展,匀齐成朵、形似雀舌、嫩绿披毫,清香持久,滋味鲜醇浓厚回甘,汤色黄绿清澈明亮,叶底嫩黄明亮。

6.霍山黄大茶

霍山黄大茶亦称皖西黄大茶,产于安徽霍山、金寨、六安、岳西等地,以霍山县产量最大。其外形梗壮叶肥,叶片成条,梗部似鱼钩,梗叶金黄显褐,色泽油润,汤色深黄显褐,叶底黄中显褐,滋味浓厚醇和,具有高嫩的焦香。

7.温州黄汤

温州黄汤亦称平阳黄汤,产于浙南的平阳、苍南、泰顺、瑞安、永嘉等地,以泰顺的东溪与平阳的北港所产品质最佳。其特点是:条索细紧纤秀,色泽黄绿多毫;汤色橙黄鲜明,叶底嫩匀成朵,香气清高幽远,滋味和酸鲜爽。

8.莫干黄芽

莫干黄芽产于德清南路乡,为浙江省第一批省级名茶之一。其外形细紧多毫,色泽绿润微黄,香气清高持久,滋味鲜爽浓醇,汤色黄绿清澈,叶底嫩黄成朵。

### 9.建德苞茶

建德苞茶又名严州苞茶,产于浙江省杭州市建德市(古称严州)梅城、三都一带山岭峡谷中。其外形黄绿完整,短而壮实,内质香气清高,叶底绿中呈黄,茶汤清澈明亮,以外形独特、品质优异、香气清幽而著称。

### 10.沩山毛尖

沩山毛尖产于湖南省宁乡县水沩山的沩山乡。其成茶的品质特点是:外形微卷成块状,色泽黄亮油润,白毫显露,汤色橙黄透亮,松烟香气芬芳浓郁,滋味醇甜爽口,叶底黄亮嫩匀。

### 11.海马宫茶

海马宫茶产于贵州省大方县海马宫乡,属于小群体品种。谷雨前后开采,一般一级茶为一芽一叶初展、二级茶为一芽二叶、三级茶为一芽三叶。其品质特点是:条索紧结卷曲,茸毛显露,香高味醇,回味甘甜,汤色黄绿明亮,叶底嫩黄匀整明亮。

## 四、白茶

### 1.白毫银针

白毫银针简称银针,主要产于福建省福鼎市和南平市政和县。以福鼎大白茶和政和大白茶的壮芽为原料,清嘉庆初年(1796 年)始制作,为我国历史名茶。一般在三月下旬至清明节采摘肥芽或一芽一叶,然后进行初制加工。由于鲜叶原料全部是茶芽,其成品茶形状似针,白毫密被,色白如银,故而得名。冲泡后,香气清鲜,滋味醇和。茶在杯中冲泡,即出现白云疑光闪,满盏浮花乳,芽芽挺立,蔚为奇观。

2. 白牡丹

白牡丹茶主要产于福建省政和县。采用大白茶树或水仙种的短小芽叶新梢的一芽一二叶为原料,经传统工艺加工而成。其叶张肥嫩,色泽灰绿,夹以银白毫心,呈抱心形。滋味清醇微甜,毫香鲜嫩持久,汤色杏黄明亮,叶底嫩匀完整,叶脉微红,布于绿叶之中,有"红装素裹"之誉。

3. 仙台大白

仙台大白产于江西上饶周圩茶场。其芽叶肥壮,白毫满披,银白色,光亮,叶片灰绿,叶缘隆起,芽叶连枝,气香清鲜,滋味甜醇,汤色清澈,绿面白底,叶脉微红,酷似"白毫银针"。

4. 贡眉

贡眉产于福建建阳、建瓯、浦城等地。由菜茶茶树芽叶制成,其原料采摘标准为一芽二叶至一芽二、三叶,并要求含有嫩芽、壮芽。冲泡后汤色呈橙色或深黄色,叶底匀整、柔软、鲜亮,叶片迎光看去,可透视出主脉的红色,品饮时感觉滋味醇爽,香气鲜纯。

## 五、乌龙茶（青茶）

### 1. 武夷岩茶

武夷岩茶是产于闽北祟安县武夷山岩上乌龙茶类的总称。武夷正岩茶产地有三坑（慧苑坑、牛栏坑、倒水坑）两涧（流香涧、悟源涧），茶树生长在岩缝之中。岩茶品目繁多，仅山北慧苑岩便有名丛 800 多种，最负盛名并带有神话色彩的茶王"大红袍"就产于辖区内的九龙窠。据史料记载，唐代民间就已将其作为馈赠佳品，宋、元时期已被列为贡品。武夷岩茶品具岩骨花香，香气馥郁，胜似兰花面深沉持久，滋味浓醇清恬，生津回甘，浓饮而不见苦涩，汤色橙黄，七泡有余香，泡后叶底"绿叶红镶边"，细品有独特岩韵。

### 2. 大红袍

大红袍是中国十大名茶之一。其干茶的外形匀整，条索紧结壮实，稍扭曲，色泽油润带宝色。叶底软亮匀齐、红边明显为佳，滋味入口甘爽滑顺者美，苦涩味的轻重往往决定岩茶品质的高低。通常冲泡八次左右，超过八泡以上者更优。好的茶有"七泡八泡有余香，九泡十泡余味存"的说法。香气清爽，吸入后，深呼一口气从鼻中出，若能闻到幽幽香气的，其香品为上。熟香型（足焙火）的茶以果香以及奶油香为上；清香型（轻焙火）的茶以花香及蜜桃香为上。

### 3. 铁罗汉

铁罗汉，武夷四大名丛之一。其汤色呈蜜糖色，从白瓷盖碗倾入玻璃杯，汤色澄澈净透，对光看去，纤毫伏地，有如苏绣丝线的痕迹。其香气很接近花香。

### 4. 白鸡冠

白鸡冠产于慧苑岩火焰峰下外鬼洞和武夷山公祠后山，武夷四大名丛之一。其芽叶奇特，叶色淡绿，绿中带白，芽儿弯弯又毛绒绒的,那形态就像白锦鸡头上的鸡冠,故名白鸡冠。制成的茶叶色泽米黄呈乳白,汤色橙黄明亮,入口齿颊留香,神清目朗。

5. 水金龟

水金龟产于武夷山区牛栏坑社葛寨峰下的半崖上,武夷四大名枞之一。其树皮色灰白,枝条略有弯曲,叶长圆形,翠绿色,有光泽。其成茶外形紧结,色泽墨绿带润,香气清细幽远,滋味甘醇浓厚,汤色金黄,叶底软亮。

6. 武夷水仙

武夷水仙,其成茶条索紧结沉重,叶端扭曲,色泽油润暗沙绿,呈"蜻蜓头,青蛙腿"状。香气浓郁,具兰花清香,滋味醇厚回甘,汤色清澈橙黄,叶底厚软黄亮,叶缘朱砂红边或红点,即"三红七青"。

7. 武夷肉桂

武夷肉桂,亦称玉桂,因其香气滋味有似桂皮香而得名。其桂皮香明显,佳者带乳味,香气久泡尤存,冲泡四五次仍有余香;入口醇厚回甘,咽后齿颊留香;汤色橙黄清澈,叶底黄亮,红点鲜明,呈"绿叶红镶边"状;条索匀整,紧结卷曲,色泽褐绿,油润有光,部分叶背有青蛙皮状小白点。

8. 安溪铁观音

安溪铁观音,条索卷曲、壮结、沉重、呈青蒂绿腹蜻蜓头状,色泽鲜润,砂绿显,红点明,叶表带白霜。取少量放入茶壶,可闻铿当铿当之声,其声清脆为上;其香属馥香型,十分浓郁,但浓而不涩,郁而不腻,余味回甘;汤色金黄,浓艳清澈,茶叶冲泡展开后叶底肥厚明亮(叶向叶背翻卷),具绸面光泽,此为上。

9.安溪黄金桂

安溪黄金桂原产于安溪虎丘美庄村,是乌龙茶中风格有别于铁观音的又一极品。黄金桂是以黄旦品种茶树嫩梢制成的乌龙茶,因其汤色金黄色有奇香似桂花而得名,又称黄旦。其品质特点是:条索紧细,色泽润亮金黄,香气带桂花香,滋味醇细甘鲜;汤色金黄明亮;叶底中间黄绿,边缘朱红,柔软明亮。

10.安溪本山

安溪本山茶主要产于福建南部、中部地区。其条壮实沉重,梗鲜亮,较细瘦,如"竹子节"尾部稍尖,色泽鲜润呈香蕉皮色;茶汤橙黄色;叶底黄绿,叶张尖薄,长圆形,叶面有隆起,主脉明显;味清纯略浓厚;香似铁观音而较清淡。

11.安溪大坪毛蟹

毛蟹茶原产于安溪县福美大丘仑。无性系品种。茶条紧结,梗圆形,头大尾尖,芽叶嫩,多白色茸毛,色泽褐黄绿,尚鲜润;茶汤青黄或金黄色;叶底叶张圆小,中部宽,头尾尖,锯齿深、密、锐,而且向下钩,叶稍薄,主脉稍浮现;味清纯略厚,香清高,略带茉莉花香。

12.白芽奇兰

白芽奇兰茶产于福建省平和县。其外形紧结匀整,色泽翠绿油润,香气清高持久,兰花香味浓郁,滋味醇厚,鲜爽回甘,汤色杏黄清澈明亮,叶底肥软。

13.永春佛手

永春佛手又名香橼种、雪梨,因其形似佛手、名贵胜金,又称

"金佛手"，主要产于福建永春县苏坑、玉斗和桂洋等地。其品质特点是：茶条紧结肥壮，卷曲，色泽砂绿乌润，香浓锐，味甘厚，耐冲泡，汤色橙黄清澈；冲泡时馥郁幽芳，冉冉飘逸，就像屋里摆着几颗佛手、香橼等佳果所散发出来的绵绵幽香。

### 14. 漳平水仙

漳平水仙主要产于福建省漳平市漳平九鹏溪地区。其外形条索紧结卷曲，似拐杖、扁担，毛茶枝梗呈四方梗，色泽乌绿带黄，似香蕉色，"三节色"明显；内质汤色橙黄或金黄清澈，香气清高细长，兰花香明显，滋味清醇爽口透花香；叶底肥厚、软亮，红边显现，叶张主脉宽、黄、扁。

### 15. 政和白毛猴

白毛猴，或称白绿，原产于福建省政和县，当地又称"白猴"，因形似毛猴而得名。属半发酵茶。其外形条索粗壮卷曲，白毫显现；内质毫香鲜爽纯正，滋味醇和微甘，汤水清绿泛黄；叶底嫩绿、完整、匀净、无杂。

### 16. 八仙茶

八仙茶原产于广东省潮州市凤凰山。其外观色泽嫩绿或翠绿，有些因满披白毫而呈银绿色；香气以嫩香为主，兼有花香或清香，汤色嫩绿清澈，滋味鲜爽，回味有余甘。

### 17. 凤凰水仙

凤凰水仙茶原产于广东省潮安县凤凰山区。其茶条挺直肥大，色泽黄褐呈鳝鱼皮色，油润有光；汤色橙黄清澈，沿碗壁显金黄色彩圈，叶底肥厚柔软，边缘朱红，叶腹黄亮，味醇爽回甘，具天然花香,香味持久,耐泡。

18.凤凰单枞

凤凰单枞产于广东省潮州市
凤凰山,有形美、色翠、香郁、味甘
之誉。其外形条索粗壮,匀整挺
直,色泽黄褐,油润有光,并有朱砂
红点;冲泡清香持久,有独特的天

然兰花香,滋味浓醇鲜爽,润喉回甘;汤色清澈黄亮,叶底边缘朱
红,叶腹黄亮,素有"绿叶红镶边"之称,具有独特的山韵品格。
另有一些特殊山场及树种的茶青,经碳火慢焙一段时间后,口感
及香气变得更加独特,"山韵"较轻火茶更为深厚,耐泡度亦
更高。

19.岭头单枞

岭头单枞茶又称白叶单枞茶,发源于广东省饶平县浮滨镇
岭头村。其外形条索紧结壮硕,色泽黄褐油润,花蜜香高锐持
久,滋味浓醇甘爽、回甘力强,有独特的"蜜韵",汤色橙黄明亮,
叶底黄绿腹朱边,耐冲泡、贮藏。

20.冻顶乌龙

冻顶乌龙产于台湾省南投县
鹿谷乡的冻顶山。茶叶成半球状,
色泽墨绿,边缘呈金黄色。冲泡
后,茶汤金黄,偏琥珀色,带熟果香
或浓花香,味醇厚甘润,喉韵回甘

十足,带明显焙火韵味。茶叶展开,外观有青蛙皮般灰白点,叶间
卷曲成虾球状,叶片中间淡绿色,叶底边缘镶红边,称为"绿叶红

镶边"或"青蒂、绿腹、红镶边"。

21.木栅铁观音

木栅铁观音产于台湾省北部，属半发酵青茶，是乌龙茶类中的极品。其以炭焙为最大特质，粒粒如豆，茶面油亮，掷入杯中，发出犹如铁粒般的叮叮之声，味浓醇厚，带有兰桂花香与熟果香味，茶汤为琥珀金黄色，气味甘醇沉稳。

22.椪风乌龙

椪风乌龙茶又称白毫乌龙茶、东方美人茶、椪风乌龙，产于台湾省新竹县北埔、峨眉及苗栗县头份等地。由采自受茶小绿叶蝉吸食之幼嫩芽叶，经手工搅拌控制发酵，使茶叶产生独特的蜜糖香或熟果香。其茶叶外观颇显美感，叶身呈白绿黄红褐五色相间，鲜艳可爱。因为它是半发酵茶叶中发酵度较重的，茶汤水色呈较深的琥珀色，尝起来浓厚甘醇，并带有熟果香和蜂蜜芬芳。

23.文山包种

文山包种茶盛产于台湾省北部的台北市和桃园等县，为轻度半发酵乌龙茶。其外观似条索状，色泽翠绿，水色蜜绿鲜艳带黄金，香气清香幽雅似花香，滋味甘醇滑润带活性。

### 六、黑茶及压制茶

#### 1.普洱茶

普洱茶因产于云南省普洱府
（今普洱市）而得名。现在泛指以
公认普洱茶区的云南大叶种晒青
毛茶为原料，经过后发酵加工成的
散茶和紧压茶。其外形色泽褐红，
内质汤色红浓明亮，香气独特陈香，滋味醇厚回甘，叶底褐红。
有生茶和熟茶之分，生茶为自然发酵，熟茶由人工催熟。

#### 2.七子饼茶

七子饼茶又称圆茶，是云南省
西双版纳傣族自治州勐海县勐海
茶厂生产的一种传统名茶。因将
茶叶加工紧压成外形美观酷似满
月的圆饼茶，然后将每七块饼茶包
装为一筒，故而得名。熟饼色泽红褐油润（俗称猪肝色），汤色红
浓明亮，滋味浓厚回甘，带有特殊陈香或桂圆香。

#### 3.重庆沱茶

重庆沱茶于 1953 年由重庆茶
厂开始生产，制作时选用中上等晒
青、烘青和炒青毛茶，属上乘紧压
茶。其成品茶形似碗臼，色泽乌黑
油润，汤色澄黄明亮，叶底较嫩匀，

滋味醇厚甘和,香气馥郁陈香。

4. 米砖茶

米砖茶产于湖北省赤壁市羊楼洞古镇,为紧压红茶。因其所用原料皆为茶末而得名。其表面光洁,色泽乌润,内质香气平和,滋味醇甘。

5. 黑砖茶

黑砖茶因以黑毛茶为原料、色泽黑润、成品块状如砖而得名。其原料采用湖南省安化、桃江、益阳、汉寿、宁乡等县茶厂生产的优质黑毛茶。其砖面色泽黑褐,内质香气纯正,滋味浓厚微涩,汤色红黄微暗,叶底老嫩尚匀。

6. 青砖茶

青砖茶主要产于湖北省咸宁地区。以老青茶作原料,经压制而成。其外形为长方砖形,色泽青褐,香气纯正,滋味尚浓无青气,水色红黄尚明,叶底暗黑粗老。

7. 花砖茶

花砖茶因由卷形改砖形、砖面四边有花纹而得名。以湖南安化高家溪和马安溪的优质黑毛茶为原料制成。其砖面色泽黑褐,内质香气纯正,滋味浓厚微涩,汤色红黄,叶底老嫩匀称。

8. 茯砖茶

茯砖茶主要产于湖南省安化县,有特制茯砖(简称特茯)和

普通茯砖(简称普茯)之分。其外
形特点是:砖面平整,棱角分明,厚
薄一致,发花普遍茂盛;特茯砖面
为黑褐色,普茯砖面为黄褐色。其
内质特点是:香气纯正,汤色橙黄。

特茯滋味醇和;普茯滋味纯和,无涩味。泡饮时,要求汤红不浊、
香清不粗、味厚不涩,口劲强,耐冲泡;特别要求砖内冠突散囊菌
(俗称"金花")普遍茂盛,且有花的清香。

9.湘尖茶

湘尖茶是黑茶紧压茶的上品,
为湖南省安化县白沙溪茶厂所产。
湖南黑茶成品有"三尖"和"三砖"
之称,"三砖"指黑砖、花砖和茯砖,
"三尖"指天尖、贡尖和生尖。其外

形色泽黑带褐,香气纯正,滋味醇和,汤色稍橙黄,叶底黄褐
带暗。

10.康砖茶与金尖茶

康砖茶与金尖茶产于四川雅安、宜宾、江津、万县等国营茶
场(厂),年产量近万吨,都是经过蒸压而成的砖形茶。前者品质
较高,后者品质较次。两者加工方法相同,只是原料品质有差
异。前者主销川西和西藏,以康定、拉萨为中心;后者主销区域
以康定为中心,并转销西藏边远地区。康砖的品质特点是:外形
色泽棕褐,香气纯正,滋味醇和,汤色红浓,叶底花杂较粗。金尖
的品质特点是:外形色泽棕褐,香气平和,滋味醇和,水色红亮,
叶底暗褐粗老。

11. 六堡茶

六堡茶主要产于广西梧州六堡镇。其色泽黑褐光润,汤色红浓明亮,滋味醇和爽口、略感甜滑,香气醇陈、有槟榔香味;叶底红褐,并且耐于久藏,越陈越好。

12. 方包茶

方包茶原产于四川灌县(现都江堰市),是西路边茶的一个主要花色品种,因将原料茶筑压在方形篾包中而得名。其鲜叶原料比南路边茶更为粗老,是采割1~2年生的成熟枝梢,直接晒干制成。其品质特点是:梗多叶少,色浓味淡,焦香突出。

## 参考文献

[1]屠幼英、何普明、吴媛媛、陈暄等:《茶与健康》,世界图书出版西安公司,2011年。

[2]施海根、陆德彪、屠幼英、施进等:《中国名茶图谱》,上海文化出版社,2007年。

# 第三章 茶艺与茶道

## 一、茶艺溯源

### (一)茶艺与茶道的概念

中国古代有"茶道"一词,也有"茶之为艺"的说法,但是没有直接提出"茶艺"的概念,直到 20 世纪 70 年代后期台湾茶人正式提出。实际上台湾茶人当初提出"茶艺"是作为"茶道"的同义词。茶道源于中国。中国茶道是一门综合了多门学科的理论精华,以茶事实践为主要途径,以提升自己的综合素质和精神境界、改善自己的生活质量为目的的边缘学科。茶道的重点在"道",是以修养身心为宗旨,参悟大道的饮茶艺术。

现今的茶艺和茶道二者的内涵和外延均不相同。茶艺的重点在"艺",习茶艺术,主要给人以审美享受;茶艺可以独立于茶道存在,但是茶道以茶艺为载体,依存于茶艺。总的来说,茶艺是艺术性的饮茶,是饮茶生活的艺术化,它主要包括了备器、择水、取火、候汤、习茶等技艺和程式。茶艺是综合性的艺术,它融合了美学、文学、绘画、书法、音乐等诸多元素。

### (二)茶艺史略

1.煎茶茶艺

汉语中煎、煮意思相近,往往通用。为了区别汉魏六朝的煮茶茶艺,就把唐代陆羽《茶经》中的习茶方式称为煎茶茶艺。

唐代盛行煎茶茶艺是在煮茶茶艺的基础上演化而来,陆羽将煎茶技艺总结为"一曰造,二曰别,三曰器,四曰火,五曰水,六曰炙,七曰末,八曰煮,九曰饮"(《茶经·六之饮》)。就是茶叶采造、鉴别、茶具、用火、用水、炙茶、碾末、煮茶、饮用等九个方面。煎茶法为先将茶饼放在炭火上烘炙,两面烘到起小泡如蛤蟆背状后趁热用纸包囊,不让精华之气散失,等茶饼冷却后,将其碾磨成茶末,再筛成茶粉;等水烧到冒起如鱼眼大小的水珠,同时微微发出声响,即一沸时放少许食盐调味;等水烧到锅边如涌泉连珠二沸时,先舀出一瓢滚水备用,再用竹环击汤心,然后将茶粉从中间倒下去;待锅里的水翻滚即三沸时,将刚才舀出的那瓢水倒下去,此时锅里的茶汤会产生美丽的泡沫,称为"汤华"。这时茶汤就算煮好,分别舀入茶碗中敬奉宾客。

2. 点茶茶艺

唐代茶人对"汤华"的追求对宋代点茶法的影响很大。点茶法最大特点是对泡沫(汤华)的追求,斗茶时以泡沫越多越白而取胜,即梅尧臣《次韵和永叔尝新茶杂言》所谓"斗浮斗色倾夷华"。当宋代的茶人发现将茶粉直接放在茶盏中冲点击拂会产生更多、更美的泡沫时,自然就会放弃唐代的方式。宋代的点茶法则是将茶粉放入茶盏中用少量开水调匀后再冲点开水,然后用茶筅击拂使之产生泡沫。显然,用茶筅击拂产生的泡沫肯定比煮茶法要多也更美观,而茶筅是早在南北朝时期就已发明。由此可见,宋代的点茶法并非突然凭空冒出来的,而是有悠久的历史轨迹可寻。

从宋代的《茶录》、《大观茶论》等茶书记载中可以了解到宋代点茶法的点茶技艺有：炙茶、碾茶、罗（筛）茶、候汤（烧水）、燷盏（烘茶盏）、调膏、注水、击拂、奉茶。宋代茶人除了追求美丽的茶汤泡沫外，也讲究茶汤的真味。宋徽宗赵佶在《大观茶论》中对茶的认识表现为色、香、味三方面。说到茶之色，他认为"点茶之色，以纯白为上真，青白为次，灰白次之，黄白又次之。天时得于上，人力尽于下，茶必纯白"。说到茶之香，又有详细描述："茶有真香，非龙麝可拟。要须蒸及熟而压之，及干而研，研细而造，则和美具足，入盏则馨香四达，秋爽洒然。或蒸气如桃仁夹杂，则其气酸烈而恶。"这里主要讲的是制茶过程与茶香的关系，但后半句是泡茶的过程，显示茶香氤氲的效果。

宋代点茶所使用的茶叶仍与唐代一样，是用蒸青饼茶，即茶叶采摘后要蒸熟、捣碎、榨汁、压模、烘干成团状或饼状的茶饼，特别是斗茶讲究茶汤泡沫贵白，尽量将茶叶中的汁液榨干，"蒸芽必熟，去膏必尽"（宋子安《东溪试茶录》）。民间饮用的散茶为直接烘焙，其香气和滋味胜过饼茶，叶色青绿，经过揉捻渗出茶汁滋味更加醇厚，易于溶解，于是散茶冲泡法逐渐传播开来。

3. 泡茶茶艺

宋元时期，民间流传的散茶冲泡法迅速发展，人们直接采用开水冲泡，以品尝茶叶的真香、真味，特别是在明朝初年朱元璋废除饼茶改进贡芽茶之后，宋代的点茶法就被泡茶法（散茶冲泡法）所取代。此后，泡茶法一直为中国饮茶的主要方式。

条形散茶用撮泡法直接冲泡，杯中的茶汤没有"乳花"可欣赏，因此品尝时更看重茶汤的滋味和香气，对茶汤的颜色也从宋代的以白为贵变成以绿为贵。明代的茶书也开始论述撮泡法的品尝问题。如陆树声《茶寮记》的"煎茶七类"条目中首次设有

"尝茶"一则,谈到品尝茶汤的具体步骤:"茶入口,先灌漱,须徐咽。俟甘津潮舌,则得真味。杂他果,则香味俱夺。"要求茶汤入口先灌漱几下,再慢慢下咽,让舌上的味蕾充分接触茶汤,感受茶中的各种滋味,此时会出现满口甘津,齿颊生香,才算尝到茶的真味。品茶时不要和其他有香味的水果和点心一起品赏,因为它们会夺掉茶的香味。

　　品茶讲究"幽趣",是明清文人在品茗活动中所追求的艺术情趣,也是中国茶艺的一大特色。品茶最适合用小壶小杯来品啜。冯可宾的《岕茶笺》主张用小壶泡茶:"茶壶以小为贵。每一客,壶一把,任其自斟自饮,方为得趣。何也?壶小则香不涣散,味不耽搁。况茶中香味,不先不后,只有一时,太早则未足,太迟则已过。所见得恰好一泻而尽,化而裁之,存乎其人。"许次纾《茶疏》也主张"饮啜":"一壶之茶,只堪再巡。初巡鲜美,再则甘醇,三巡意欲尽矣。""所以茶注欲小,小则再巡已终。宁使余芬剩馥尚留叶中,犹堪饭后啜漱之用。"于是就逐渐形成了功夫茶艺,清代功夫茶艺的程式为:煮水、温壶、置茶、冲泡、淋壶、分茶、奉茶。这种典型的小壶小杯冲泡法,是今天功夫茶艺的原型,至清代晚期,功夫茶艺就已经很成熟了。

## 二、茶艺礼仪

　　中国是文明古国、礼仪之邦,素有客来敬茶的礼俗。茶艺礼仪一方面吸取了传统文化礼仪的精华,同时也与时俱进,与现代精神文明建设融合。茶艺活动中的礼节、礼貌、礼仪,根据不同的茶艺类型有不同的表达。茶艺中的礼节指的是鞠躬、伸掌、奉茶、鼓掌等。礼貌是茶艺活动中容貌、服饰、表情、言语、举止等谦逊的外在表现,贯穿于人的言、听、视、动的整个过程之中。茶艺礼仪是为表示礼貌与尊敬所采取的与茶艺内涵相协调的行为、语言的规范。茶艺中的礼仪还要求茶艺活动的参与者讲究仪容仪态,注重整体仪表的美。其中,仪容包括了服装、容貌、修饰和整洁程度等,而仪态是指姿态和风度,是人的行为举止的反映。

### (一)礼节

#### 1. 鞠躬礼

鞠躬礼源自中国,意思是弯身行礼,是表示对他人敬重的一种郑重礼节。鞠躬礼是茶艺活动中的常用礼节,根据鞠躬的弯腰程度可分为真、行、草三种。"真礼"用于主客之间,"行礼"用于客人之间,"草礼"用于说话前后。鞠躬礼又可分为站式、坐式和跪式三种。前二种鞠躬比较常用。

站式鞠躬:"真礼"以站姿为预备,然后将相搭的两手渐渐分开,贴着两大腿下滑,手指尖触至膝盖上沿为止,同时上半身由腰部起倾斜,头、背与腿呈近 90°的弓形(切忌只低头不弯腰,或只弯腰不低头),略作停顿,表示对对方真诚的敬意,然后,慢慢直起上身,表示对对方连绵不断的敬意,同时手沿脚上提,恢复原来的站姿。鞠躬要与呼吸相配合,弯腰下倾时作吐气,身直起时作吸气,使人体背中线的督脉和脑中线的任脉进行小周天的循环。行礼时的速度要尽量与别人保持一致,以免尴尬。"行礼"要领与"真礼"同,仅双手至大腿中部即行,头、背与腿约呈 120°的弓形。"草礼"只需将身体向前稍作倾斜,两手搭在大腿根部即可,头、背与腿约呈 150°的弓形,余同"真礼"。

坐式鞠躬：若主人是站立式，而客人是坐在椅（凳）上的，则客人用坐式答礼。"真礼"以坐姿为准备，行礼时，将两手沿大腿前移至膝盖，腰部顺势前倾，低头，但头、颈与背部呈平弧形，稍作停顿，慢慢将上身直起，恢复坐姿。"行礼"时将两手沿大腿移至中部，余同"真礼"。"草礼"只将两手搭在大腿根，略欠身即可。

跪式鞠躬："真礼"以跪坐姿为预备，背、颈部保持平直，上半身向前倾斜，同时双手从膝上渐渐滑下，全手掌着地，两手指尖斜相对，身体倾至胸部与膝间只剩一个拳头的空档（切忌只低头不弯腰或只弯腰不低头），身体呈 45°前倾，稍作停顿，慢慢直起上身。同样行礼时动作要与呼吸相配，弯腰时吐气，直身时吸气，速度与他人保持一致。"行礼"方法与"真礼"相似，但两手仅前半掌着地（第二手指关节以上着地即可），身体约呈 55°前倾；行"草礼"时仅两手手指着地，身体约呈 65°前倾。

2. 伸掌礼

这是茶道表演中用得最多的示意礼。当主泡与助泡之间协同配合时，主人向客人敬奉各种物品时皆用此礼，表示的意思为"请"和"谢谢"。当两人相对时，可伸右手掌对答表示，若侧对时，右侧方伸右掌，左侧方伸左掌对答表示。伸掌姿势为：四指并拢，虎口分开，手掌略向内凹，侧斜之掌伸于敬奉的物品旁，同时欠身点头，动作要一气呵成。

3. 寓意礼

在民间茶道活动中形成了不少带有寓意的礼节。如最常见的"凤凰三点头"，即手提水壶高冲低斟反复三次，寓意是向客人三鞠躬以示欢迎。茶壶放置时壶嘴不能正对客人，否则表示

请客人离开。回转斟水、斟茶、烫壶等动作,右手必须逆时针方向回转,左手则以顺时针方向回转,表示招手"来",欢迎客人的意思;若相反方向,则表示"去"的意思。另外,有时请客人选点茶,有"主随客愿"之敬意;有杯柄的茶杯在奉茶时要将杯柄放置在客人的右手面,所敬茶点要考虑取食方便,总之,应处处从方便别人考虑。

### (二)姿态

姿态是身体呈现的样子。从中国传统的审美角度来看,人们推崇姿态的美高于容貌之美。茶艺表演中的姿态也比容貌重要,需要从坐、立、跪、行等几种基本姿势练起。

坐姿:坐在椅子或凳子上,必须端坐中央,使身体重心居中,否则会因坐在边沿使椅(凳)子翻倒而失态；双腿膝盖至脚踝并拢，上身挺直，双肩放松；头上顶下颌微敛，舌抵下颚，鼻尖对肚脐；女性双手搭放在双腿中间，左手放在右手上，男性双手可分搭于左右两腿侧上方。全身放松，思想安定、集中，姿态自然、美观。如作为客人，也应采取上述坐姿。若被让坐在沙发上，由于沙发离地较低，端坐使人不适，则女性可正坐，两腿并拢偏向一侧斜伸(坐一段时间累了可换另一侧)，双手仍搭在两退中间；男性可将双手搭在扶手上，两腿可架成二郎腿但不能抖动，且双脚下垂，不能将一腿横搁在另一腿上。

站姿：在单人负责一种花色品种冲泡时，因要多次离席，让客人观看茶样、奉茶、奉点等，忽坐忽站不甚方便，或者桌子较高，下坐操作不便，均可采用站式表演。另外，无论用哪种姿态出场，都得先站立后再过渡到坐或跪等姿态，因此，站姿好比是舞台上的亮相，十分重要。站姿应该双脚并拢，身体挺直，头上顶下颌微收，眼平视，双肩放松。女性双手虎口交叉(右手在左手上)，置于胸前；男性双脚呈外八字微分开，身体挺直，头上顶上颌微收，眼平视，双肩放松，双手交叉(左手在右手上)，置于小腹部。

跪姿：在进行茶道表演的国际交流时，日本和韩国习惯采取席地而坐的方式，另外如举行无我茶会时也用跪姿。对于中国人来说，特别是南方人极不习惯，因此特别要进行针对性训练，以免动作失误，有伤大雅。

行姿：女性为显得温文尔雅，可以将双手虎口相交叉，右手搭在左手上，提放于胸前，以站姿作为准备。行走时移动双腿，跨步脚印为一直线，上身不可扭动摇摆，保持平稳，双肩放松，头上顶下颌微收,两眼平视。男性以站姿为准备,行走时双臂随腿的移动可以身体两侧自由摆动,余同女性姿势。转弯时,向右转则右脚先行,反之亦然。出脚不对时可原地多走一步,待调整好后再直角转弯。如果到达客人面前为侧身状态,需转身,正面与客人相对,跨前两步进行各种茶道动作;当要回身走时,应面对客人先退后两步,再侧身转弯,以示对客人尊敬。

## 三、茶艺美学

### (一)茶艺美学内涵

喝茶既可闻香品味,察颜观色,又可在饮茶环境、茶具的诗情画意的氛围中陶冶情操,是物质和精神的双重享受。饮茶既然富含艺术,品茶艺术也就应运而生。在中国饮茶史上,茶艺历来为人们所推崇。

虽然中国发现和利用茶已经有近 5000 年的历史,但是茶艺美学的萌芽却是始于晋代,形成于唐代。1700 年前中国茶艺美学就开始萌发,晋代杜育的《荈赋》以赋体形式和典雅、清新的语言,写出在秋日率同好友结伴入山采茶、制茶和品茗的优美意境。那是一幅绝妙的茶山品茗图,充满着相当完整的品茗艺术要素,也充满着茶艺美学的意韵。整个品茗过程,体现了审美意识和审美追求。到了唐代,茶艺的审美取向进一步凸现和丰富。各朝各代的茶书、茶诗、茶词、茶曲、茶书法、茶绘画、茶器物、茶建筑,都成为茶艺美学的载体,都有共同的价值指向。

中国茶艺从古代走来,有深厚的传统文化积淀。中国茶艺美学是审美主体的心灵表现,汇聚一定时代的社会风气和文艺思潮的审美规范,不期而然地概括成为灿烂多姿的美学形态。

### (二)茶艺美学的形成与发展

#### 1.魏晋、盛唐时期

两汉时茶就从巴蜀地区传到了长江中游,三国时已传到长江下游。虽然魏晋南北朝时期还保留着以茶为祭的风俗,还有人将茶的鲜叶采来煮食,连汤带茶一起吃,在煮茶时加米、加油、加盐煮成"茶粥",但同时人们也已学会制作"饼茶",并懂得了"欲煮茗饮,先炙令赤色,掩末置瓷器中,以汤浇覆之,用葱姜、桔子笔之"这一套完整的煮、饮茶方法。此时饮茶风俗在巴蜀地区和江南一带流行,茶饮已受到文人雅士的欢迎,茶饮之习开始为僧侣注意、接受,他们尝试把茶引入佛门,所以便有了南朝宋法瑶"饭所饮茶"、昙济道人"设茶茗"待客及晋僧怀信"要水要茶"的记载。道家也以茶养生修行,文人则以茶为助兴醒思之佳品。

明代朱权著作《茶谱》记载"茶之为物,始于晋,兴于宋",认为人们对茶在思想感情上的寄托始于晋代,盛于宋代。晋代杜育是使饮茶具有风雅文化的第一人,由于赋予饮茶活动以审美艺术,并以此来涵育人的修养,杜育的《荈赋》标志着中国茶艺美学的萌芽。当人们开始对茶艺审美经验进行思考,对茶艺审美意识进行反思,茶的利用就由追求物欲满足升华到渴望精神满足的层面。

到了唐朝,煎茶茶艺很流行。在西安、洛阳两个都城和江陵、重庆等地,竟是家家户户都饮茶。这在唐代诗歌创作中也得到大量反映。据对《全唐诗》的统计,唐、五代写过茶诗的诗人和文学家有 130 余人,写有茶诗 550 余首,写"煎茶"的也有许多。

初唐、盛唐时期是茶艺美学发展的转折阶段,文人们热衷于赋诗作文,茶以不同的美态出现在唐代达官贵人的盛宴上、在文人雅士的清谈中、在下里巴人的说笑中,茶或珍贵、或高雅、或入俗,茶艺形式也在发生着改变。

2. 中唐至南宋时期

中唐时期,茶圣陆羽《茶经》的问世,是中国茶业发展史上划时代的大事。这标志着饮茶作为中国人一种生活享受与艺术的开始。《茶经》是一部关于茶叶生产的历史、源流、现状、生产技术以及饮茶技艺、茶道原理的综合性论著,是一部划时代的茶学专著。在《茶经》中,陆羽首次以审美的观点来看待茶的品饮,完成了茶实用性与审美性的融合,确立了朴素、和谐的茶艺观点。茶艺思想从确立之日起就烙印着成熟稳重、温柔敦厚的心态,在随后的发达、演变过程中也是万变不离其宗,故《茶经》的问世也是中国茶艺美学进入成熟时期、中国茶事自身日臻完善的标志。

中唐以后,淡雅、平远成为文艺审美趣味的主流,心境与意趣成为文艺创作冲动之本源。中晚唐时期至南宋初期,在禅宗思想的影响下,中唐以来的中国美学,总是在真有与全无、具体与抽象、单纯感知与一味推理、墨守成法与锐意求新等矛盾中左右摇摆,来回徜徉。而茶性与禅理内在意义的类同,堪比禅隐高士体验悟境的理想媒介,禅境也是唐、宋品茗之道的最高理想境界。有曰"愿君斥异类,使我全芬馥",寄情于茶艺的和美境界;有"从来佳茗似佳人"、"故人气味茶样清,故人风骨茶样明"的与茶融合为一体的和美境界;更有"恰如灯下,故人万里,归来对影。口不能言,心下快活自省"的"天人合一"之和美境界。

到晚唐及五代,品茶艺术由煎饮发展为点饮,出现了茶水相戏、如诗如画的"汤戏"艺术。点茶是事先将茶末分置于茶盏之内，待水沸提瓶一点一点往茶盏内滴注。同时，用茶筅搅动盏中茶末，边点边搅，令水与茶彼此交融，泡沫泛起。古代称沸水为"汤"，以瓶滴注叫"点"，点茶艺术，也是"击沸"的艺术。"击沸"时，汤面泛起泡沫称"汤花"。击沸的高手可以令汤面上的汤花幻化成各种形象，似花鸟虫鱼，似山川草木，纤巧有似绘画。因此，这种点茶艺术又称为"汤戏"、"茶百戏"或"小月一青"。

　　宋代茶艺美学思想在传承前期美学思想的基础上不断深化而发展，对茶的审美更趋精致、细微化，饮茶习俗已深入社会各个阶层。茶诗数量大量增加，茶艺美学内涵更加丰富。茶在宋代已经加入了"琴棋书画诗酒茶"行列。宋代时，各种精美图案出现在团饼茶上，从龙团凤饼到水线银芽，花样百出，不仅对茶外表的审美挑剔，还讲究色、香、味三绝，视觉、嗅觉、味觉三美，诗情画意的享受是品饮者的追求。"汤戏"已发展为至精至巧、曲高和寡的技艺，时称"分茶"。这些意味着中国茶艺美学自确立之后迅猛发展，尚处于精力充沛、乐此不疲的拓展深入时期。茶词创作亦始于宋代，苏轼就将"天工与清新"等诗词审美理论应用于茶的审美，极致地体现出对茶之"清"美的喜爱，以"从来佳茗似佳人"的表达将茶品之美提升到与人格之美同等的高度，从而使茶的品饮境界得以升华。同时，苏轼还将宠辱不惊、随遇而安的人生观融入茶中，将淡然的隐逸情怀寄寓于茶，使茶之美超然脱俗。这些鲜明地象征着中国茶艺审美心理已由忧患意识转化为一种宁静开朗、轻松淡远的乐感艺术。

　　3. 元明清时期

　　元王朝的统一是建立在民族压迫、歧视基础上的统一。蒙古统治者鄙视汉文化,对知识分子持有"用世无途"之说,文人们只好自我审视,寻找回归自然本真的道路,即回归到大自然中去实现自我。心态上的回归导致元代茶风、品饮方式趋向简约。文人雅士、隐士和"俗士"有精神上的共同追求,于低调的生活中寄舒寄傲于天地万物。在大自然宽广的胸怀中一盏清茗可涤去惆怅,浇开郁结,产生顿悟,获得开释,也获得了希冀。

明代开始,茶人不断改进沏茶方式,为使味尽出、不浪费,一壶茶可以一巡、二巡乃至三巡;而为了取代茶粉在杯中泛"汤花"的意趣,茶人在追求茶的色、香、味上下足了功夫,讲究"涓滴玩味",从茶中品出香、轻、甘、活之美,让直接冲泡品饮的茶事活动充满美感。与此同时,这种简便易行的方式符合老百姓的需求而得以推广,最终促成茶饮方式发生根本性的变革,巡饮法广为普及并一直流传至今。

茶叶品饮方式的变迁使茶艺在传承之中具有了新的时代气象。从朱权《茶谱》开始,明清时代的茶艺"崇新改易",呈现出简洁的风格:先是减少了烹茶器具,只保留了必不可少的物件;其次是简化了烹茶程式,主要程式有焚香、备器、煮水、碾茶、点泡,相比唐宋而言,省去了炙烤茶饼等程序。茶艺方面也发生了一些转变:第一,精而又精。以煎水为例,相比于唐人的"三沸"之法和宋人的听声之法,明人要求对煎水过程进行更为认真细致的观察和判断。第二,坚守中和。以投茶方式为例,茶人提出上下有序,因时制宜。第三,茶之品性。明清茶人崇尚茶"自然之性"、"清"、"真"之美。第四,茶具变迁。唐代茶具以古朴典雅为特色,宋代茶具以富丽堂皇称奇,到了明代,茶具的发展又返朴归真、崇尚简洁,简单洁净而不失精致灵巧的青花瓷器和古朴厚重的紫砂陶具成为一时风尚。第五，身体力行。明清时期，文人们把躬亲茶事视作一种"清美"的体验过程。在茶艺操作过程中，人们很容易进入平心静气的状态，进而获得愉悦，领悟茶道真谛。

### （三）茶艺美学的特征

#### 1.清静之美

清静之美是中国茶艺美学的客观属性。这种客观属性首先来源于茶叶本身的自然属性。清静之美是种柔性的美，和谐的美。这也是茶叶固有的基本特征。作为山茶科山茶属多年生常绿木本植物的茶树，性喜湿润气候和微酸性土壤，耐阴性强，不喜太阳直射，而喜漫射光。多生长在云遮雾罩的山野，不耐严寒，也不喜酷热。客观的自然条件决定了茶性微寒，味醇而不烈，甘而微涩，具有清火、解毒、提神、健脑、明目、消食、减脂诸功能，饮后使人更为安静、宁静、冷静、文静、雅静，是种有益于人类的温性饮料。

苏东坡首先以女性来比喻茶叶："戏作小诗君莫笑，从来佳茗似佳人。"这是茶叶和女性都具有温柔的特性，具有柔性之美，让人产生异质同构的审美联想。因此，历来的茶艺表演者虽然不乏男性，但总以女性为多，虽无年龄限制，但总是以年轻美貌者为多，因而也要求在茶事活动中，无论是动作、语言、服饰、色彩、音乐、灯光、茶具、茶叶，处处都应呈现一种柔性之美，犹如一首优美的抒情诗。故有学者将"阴柔之美"列入"茶艺十二美"之中。

清静之美还是一种和谐美。因为柔性之美并不排斥刚性之美，静态之美并不排斥动态之美，只有各种美的因素有机融合成一体,才能构成真正的美。所以强调中国茶艺的清静之美,并非只是孤立地片面地强调唯清、唯静,而是在清、静的基础上吸收、融合其他美学特征于一炉。因此,在品茗艺术中,各个要素需要有机配合,茶叶、茶具、服饰、灯光、音乐、色彩、语言各个方面也须协调、和谐,有时需要静中有动、动中有静,不能陷于单调、死板,那就成不了艺术。如在茶艺表演中,表演者的服饰、茶具的颜色、造型,应该和茶叶的种类相协调:江西的"文士茶"冲泡的是婺源绿茶,使用的景德镇青花瓷器盖碗杯,配上蛋青色镶有蓝边的青衫罗裙,显得特别清新脱俗,与文人雅士的品茗格调相吻合。杭州的"九曲红梅"冲泡的是红茶,服装选择浅红色配有暗红花的旗袍,所有的茶具都选用红色瓷器,在红色花瓶上还插上一枝鲜艳的红梅,让人一见就有种暖融融的感觉,取得很好的审美效果。尤其是在解说词的处理上,更要注意这一问题。茶艺是静的艺术,只是通过冲泡技艺及一些肢体语言来表现一定的主题,不能开口说话,但是可以进行适当的讲解。一般是在表演前简要地介绍节目名称、主题和艺术特色及表演者单位、姓名,在表演过程中也可适当作些讲解。目前较为普遍的毛病是说话太多,经常是长篇大论喋喋不休地从头讲到尾,犹如在进行演讲比赛,完全违背了茶艺清静之美的原则。

2. 自然之美

茶是茶艺中必不可少的部分,茶是整个茶艺的灵魂。不同类型的茶叶具有不同的色、香、味、形之美。色之美:主要指的是鉴赏汤色之美。在各类茶艺表演中,其中都有一步是鉴赏汤色。绿茶讲究绿而清澈透明,红茶则以红艳明亮带金圈为上品,乌龙茶汤色追求橙黄而清澈明亮。"碧玉瓯中思雪浪,黄金碾畔忆雷芽"，自然之美的汤色给人以无限的遐想与深思。香之美：绿茶有栗香、清香、嫩香；红茶有蜜糖香、花香、果香；乌龙茶有馥郁的花果香；花茶更是带有各种不同的自然鲜花之香气。品饮鉴赏时，细闻那充满自然之气息的茶香，静下心来，进入茶艺的世界。味之美：茶，喝茶，喝好茶，更要会喝茶。品茶，犹如品味人生。绿茶的苦后回甘、花茶的甜醇、乌龙茶的醇厚，无不给人的舌尖带来别样感受，让我们透过舌尖去品味人生滋味。形之美：中国茶类众多，不同的茶类有不同的特点形状，就算是相同的茶类，其形之美也是各有不同。如绿茶，炒青绿茶中就有形如仕女之秀眉的珍眉、近似珠茶的嫩匀的贡熙、外形条索细短尚紧的雨茶等。而茶叶在冲泡时，表现出的独特动态，有的像绿色森林、有的又像缓缓展开的菊花，真可谓千姿百态。

3. 中和之美

中和是儒家哲学中一个非常重要的概念。《礼记·中庸》指出："喜怒哀乐之未发，谓之中；发而皆中节，谓之'和'。中也者，天下之大本也；和也者，天下之达道也。"无论是自然界还是人类社会，达到这种和谐状态，天地就会有序，万物欣欣向荣。茶艺里的中和主要体现在两个方面：从审美主体角度而言，主要是人与人和、人与天和、人与物和，达到物我合一、天人合一的境界；从审美对象而言，主要指茶艺诸要素的协调配合要注意合理、和谐，不走偏端。

审美对象的性质主要是由审美主体、主体的审美态度、审美经验确定的。没有审美态度，再美的事物也引不起人的审美愉悦，不能成为审美对象。一个人如果没有音乐欣赏能力，没有感情，听到再美的音乐，也是像耳边之风、脚下流水一样，不能产生共鸣,没有什么愉悦之感。没有美术修养,看到一幅再美的画也只是一堆色彩的堆积而已,无动于衷,就是再精美的绘画对他来说也是毫无价值的。可见,作为审美对象的美,是离不开人的主观态度和意识状况的。而作为审美主体的人的审美实践活动主要体现在善的目的性。因为人类实践主体的根本性质就是善。因此,作为审美对象的茶艺诸要素,其美的性质也是由作为审美主体的人的审美态度、审美经验所确定的。在茶艺的审美主体(茶人)中,文人茶文化圈又占据最重要的地位,因为它有时又可涵盖一些富有文化修养的僧侣和官僚贵族(从本质上说他们都是知识分子),他们都是受过儒家教育的熏陶,其人生观和审美观都有某些共通之处,所以,儒家的审美观自然会对他们产生深刻影响,其审美实践的目的性也多体现为善的目的性。儒家美学也就成为中华古代美学主体的重要部分,长久地影响着中华美学的发展,直至现代仍然如此。那么,经受儒家美学洗礼的中华茶人,秉承先秦以来"诗言志"强调道德教化作用的传统,就会在审美实践中,总是有意无意地着重于善的目的性,常常要赋予伦理道德的理想色彩。

他们发现茶叶平和的特性与中国人温和的性情有共通之处,两者结合,可以"调神和内",收到"其功致和"、"致清导和"的效果。他们经常以茶喻人,与儒家的人格思想联系起来。如北宋文人晁补之就称颂苏轼"中和似此茗,受水不易节",比喻苏轼具有中和的品格和气节,如同珍贵的名茶,即是在恶劣的环境中也不会改变自己的节操。

中和也是儒家中庸思想的核心,它是指不同事物或对立事物的和谐统一;反过来,正确处理好对立事物的矛盾斗争,则称之为调和、协调。因而,中和也就成为儒家礼仪中的最高原则。既然"中和"在中国传统哲学中具有如此重要地位,必然对中国美学产生深刻的影响,即"中和"也成为中国传统美学的重要思想,成为重要的审美标准之一。在人们的审美意识中会认为处于中和状态下的事物才是美的。于是,在视觉上不喜欢过分刺激的大红大绿的原色,而喜欢处于过渡形态的调和色(灰色调);在听觉上不习惯于劲歌劲曲,而喜欢欣赏音调柔和旋律优美的抒情歌曲;在味觉上也不追求过分强烈的刺激,而讲究五味调和。不走极端,追求中和状态之美。

这种"中和"的审美观在茶艺实践中体现在两个方面:首先,人与人和,是指处理人际关系时要和诚处世,敬爱待人。而要做到这一点,首先要从自我做起,修身养性,"调神和内",达到身与心和,只有自己的情操陶冶好了,才能协调好人际关系,从而达到净化社会风气的善良目的。其次,人与天和,是指处理人与自然环境的关系,包括茶叶的选择、水温的掌握、火候的控制、器物的配置等,都有一个合适的度,不偏不倚,过犹不及都是缺陷,应该加以避免。

4. 儒雅之美

雅可以解释为正规的、标准的、规范的、正直和客气,美好的、高尚的、不粗俗的,文雅、高雅、典雅、儒雅、雅致等。

茶得天地之精华,禀山川之灵气,在大自然的怀抱中形成了廉、美、和、敬的自然属性。中国佛教协会副会长净慧法师在解释禅茶文化精神——"正、清、和、雅"中的"雅"字时指出:作为中国文化中的茶文化的精神是什么呢?我想,一个"雅"字可以体现它。

在所有饮料中，只有茶与中国人谦恭、俭朴、温文尔雅的性情最为贴近。文人雅士们认为，通过品茗活动可以修身养性以使自己的心志更为高雅。所以唐人将品茶集会称之为"雅集"，将品茗艺术的韵味称之为雅韵，《大观茶论》中将饮茶称为"雅尚"，即高雅的时尚，都赋予了茶树自然属性之外的人文色彩。于是，茶树天然形成的固有的客观的自然美与审美主体茶人主观的审美情趣、审美评价和审美理想就会有机融合起来，在茶艺审美实践中形成了一种具有浓郁的文化韵味的儒雅之美。

儒雅也称文雅，通常是指在温文尔雅的风度、气质中蕴含着较高的文化品位。诚如唐人耿湋所云："诗书闻讲诵，文雅接兰荃。"古今茶人无不以品茗谈心为雅事，以茶人啜客为雅士，都是指环境雅、茶具雅、茶客雅、饮茶方式雅。无雅则无茶艺、无茶文化，自然也就达不到禅道、茶道的境界。然而，儒雅并非仅仅是茶事活动中的一种外在的表象特征，它是与审美对象（茶艺）的客观属性（清静）和审美主体（茶人）的主观修养（中和）密切相关、水乳交融在一起而呈现出来的美学特征。所以儒家将"雅"作为个人修身养性的目标，同时也将"雅"作为提高大众道德修养的手段之一。唐末刘贞亮《茶十德》中就明确提出"以茶可雅心（志）"，就是在茶艺审美实践中提高人们的心灵向善的道德品质。

与中和之美一样，儒雅之美在茶艺的审美实践中也体现在审美主体和审美对象两个方面：从审美主体而言，要求品茶之人要儒雅。儒雅既要求有温文尔雅、风流倜傥的气质、风度，也要求有敦厚仁爱的道德品质。陆羽《茶经》指出"茶之为饮最宜精行俭德之人"。历代茶学家都对品茶之人提出过要求。欧阳修诗云："泉甘器洁天色好，坐中拣择客亦佳。"

　　这些可人、佳客，都是风流儒雅、志趣相投的文人雅士。宋徽宗《大观茶论》中说"天下之士，励志清白，竟为闲暇修索之玩，莫不碎玉锵金，啜英咀华，较箧笥之精，争鉴裁之别"，都是指品茗者具有较高的文化素养，才能使品茗活动收到理想的效果。总之，茶学家们为了追求品茶的雅趣，除了对茶人本身的精神风貌提出严格的要求之外，还要为品茗雅趣创造一些客观条件，营造一种具有浓郁人文气息的氛围，于是对作为审美对象的茶艺也提出"儒雅之美"的审美要求。从审美对象而言，主要是茶艺诸要素都必须呈现儒雅之美，即除了人之雅之外，还要求境之雅、器之雅、艺之雅。境之雅，就是品茗环境要幽雅。中国茶人受道家天人合一的思想影响很深，追求与大自然的和谐相处。环境对人们品茗的心境有很大影响，境之雅能培育心之雅，心之雅则能造就人之雅。器之雅，就是品茶器具要高雅。茶具虽然是品茗工具，其实从广义上看，它也是境之雅的一个局部。因为它始终处在人们品茗时的视线之内，它的质地、形态、色泽如何，都会影响人们的审美情趣，也会影响人们的品茗心境。故历来茶人很重视茶具的艺术性。艺之雅，是指品茗形式要儒雅。饮茶本来作为人们解渴、提神的生活行为，就无所谓雅不雅问题。当它在文人雅士的参与之下发展为品茗艺术之后，就成为一门生活艺术。而艺术作为审美的高级形态，它源于生活又高于生活。因此，品茗就具有一定艺术性、观赏性，需要一定的规范和程式。

### 四、茶席设计

茶席是茶艺表现的场所。狭义的茶席是单指从事泡茶、品饮或者包括奉茶而设的桌椅或场地。广义的茶席则是在狭义的基础上还包括了茶席所在的房间,甚至房间外的庭院。茶席实质上是一种装置艺术,铺陈茶器的摆置,茶人本身也融入其中,通过茶器鉴赏和品茶来打开味蕾序曲,呈现茶席意境。将一种萦绕于自我思绪之中要表达的气息,通过摆设茶席的作业形式呈现出来。设计茶席的意义,不仅在于诠释茶器的内涵,而且还能通过茶人对茶席的设计和演绎表达出茶器隐逸的文化符号。茶席中所蕴含的文化,超越了饮茶与喝茶的层次。茶人通过学习茶席的摆置、对茶器的认知,先从自娱自乐,再到与人分享,让现代人从对茶器的赏析之中感悟生活之美。

#### (一)茶席设计方法

首先,设计茶席需要选定主题。主题是茶席设计的灵魂,有了明确的主题,我们在设计茶席时才能有的放矢。主题的确定有助于茶席各个部分或各个因子的统一与协调,也有助于对茶席设计意义的提拔,使茶席更具有文化内涵与韵味。季节的更替、不同的茶类、人事的变化、自我的觉悟等都可以成为我们设计茶席的素材。如春夏秋冬的景致;碧螺春、铁观音、红茶、普洱茶等不同茶类;春节、中秋或新婚等节庆日;也可以以"空寂"、"小桥人家"、"高山流水"为表现的主题等。所以,设计茶席必先确立一个主题。

茶席设计作为一种新型的空间艺术,涉及的空间范围较小,观者只需原地抬眼即可一览无余，又加上茶席设计一般都内涵设计者的思想情感，有主题，在静置的茶席中一般没有解说之类的文字话语，要想使观赏者迅速、直接、准确地感受设计者的思想意图，融入其中感同身受，为此，在确立好主题之后，对茶席设计进行具体实施的过程中首先要把握主题的直抒胸臆。毕竟茶席属于静置艺术，主要是通过视觉审美而完成，所以直抒胸臆的表达设计容易引起共鸣，太多过于含蓄的手法反倒会虚化主题，使人陷入不必要的臆猜之中。必要时可以适当介入文字点睛，只作少许点化而非长篇赘述。紧扣主题，虚实相生，尽可能以较强的视觉冲击力取胜，才是茶席设计的必由之路。切忌在设计中一味求美，过多采用委婉隐讳、模棱两可的手法而忽视了主题的直接表达。

其次，茶席设计要突出"茶"。茶席设计要展示的是茶技与艺术，更重要的是展示茶本身之特性，所以，"茶"的主体地位必须要明确，其他的相关元素只能起烘托和画龙点睛的作用。如何来体现以"茶"为主的原则呢？简而言之，就是"茶"的意味要表达出来。例如，茶汤泡得是否好喝、泡茶的方法是否合理、使用的茶道具是否清洁并符合泡茶所需等。香、花、挂轴等这些辅助元素摆放的位置，更不能抢占了"茶"的主体地位。如果以堆砌任何茶道具、装饰物品就可以叫做设计茶席的话，那么，茶席设计就丧失了以茶为主体的核心价值，无法从其他艺术形式当中独立出来，最终沦为其他艺术形式的附属品。所以，好的茶席，是使人一靠近，就能体会到"茶"的意味。

最后，茶席设计必须是为人的设计。在古代中国的造物思想中，"利人"是一个较早得到广泛讨论的话题。先秦的墨子认为"利于人谓之巧,不利于人谓之拙",集中反映了我国传统的造物思想。由此可见,再美再实用的茶席最终都是要为人服务的。不论是茶席为冲泡绝佳茶汤供人品饮而设计,还是茶席为满足人们的视觉美感而设计,其根本目的都是为了满足人或物质或精神的、美的享受。即"设计为人"。茶,文化底蕴博大、艺术含量厚重、生化理论严格,要将"文、艺、理"三位一体结合于方寸茶席之间,为人营造绝佳意境,必得巧思方见其高筹。所以,茶席上的一壶一盅、一花一香对于每一个设计者和欣赏受众来说,不仅仅是茶汤色味的物理享受,更是茶席艺术带给人们心灵的精神熏陶与感染。茶席设计是一门茶的艺术。在掌握这些基本原则之上,才能更好地去展示各自的个性与风格。

### (二)茶席布局

茶人摆置茶席的能力如同画家应物象形的布局能力,取决于其对茶器与美学的修养,也就是说要懂得布局的装置造型技巧,这是茶席呈现艺术的一个重要手段。茶席的布局如同一幅画,需置陈布势,布置茶席正如写文章,在内容和结构上都需有纲领和章法。

简而言之,布局是一种在有限范围内摆置出一个瞬间的视觉形象。先经过构思确定茶器,如茶人与茶器、茶客与茶器的关系如何安排。布局对茶席十分重要,以欣赏中国山水画的角度来看茶席,中国山水画少有具体写生某处风光,而只是自然地求得意境的体现,是画家由四面八方观色取景的综合体,然后在布局时取一种合理得当。茶席的茶器之体现何尝不是如此!山水画中丘壑位置得当,山水才引人入胜。茶席中壶是主、杯是副,若本末倒置地摆置茶席,就会削弱主题表现,而主题之壶则必须与茶海、茶托等相互呼应、对比来求得主题表现。有了整体的布局,然后以中国画的规律与技巧进行茶席的细节摆置。若茶席中彰显的是壶,同时又要照顾整体茶席的统一和谐,并归纳出对应关系,遵循主次呼应、虚实结合、藏漏、简繁、疏密、参差的规律。

画面留白的概念也会应用于茶席摆置。例如,茶席的用布颜色,底色和桌子的留白分割若适当,会使整体看起来更为和谐。正如齐白石作品,其作品留白达到了灵空之妙。茶席的空妙必须以"收敛众景,发之图素"来表现,突破空间限制,以简易取胜,抛弃不必要的东西,达到集中的表现。例如,茶席放一素颜古布,只见一壶与一杯正是"收敛众景"之妙,其中置入了中国画散点透视、随类赋形和应物象形的表现手段,催生出茶席摆置的生动画面,令人"卧以游之",又如"写千里之景,宛尔目前"。在悠然自在的情境下,让茶人、茶客能悠游在茶席摆置里玩味"收敛"之趣。同时,在室内或室外都要进入泡茶的实务操作,泡好茶才能将布置的茶席相知相惜,茶人与茶客在一杯茶的芬芳中才能回味无穷!透过茶席美学的层面,可以将茶艺的情调、艺术的趣味,揉进审美的内涵来体现,进而延展到对现实生活美感的追求,茶席之美的享受才会油然而生。

### (三)茶具配饰的选择

茶具组合是茶席设计的基础和茶席构成因素的主体。茶具组合的基本特征包括了实用性和艺术性两个方面。实用性决定艺术性,艺术性又服务实用性。因此,茶具组合在它的质地、造型、体积、色彩、内涵等方面,应作为茶席设计的重要部分加以考虑,并使其在整个茶席布局中处于最显著的位置。

茶具组合一般按两种类型确定:一是基本配置,包括必须使用而又不可替代的物件,如壶、杯、罐、则(匙)、煮水器等。二是齐全组合,包括不可替代和可替代的物件,如备水用具水方(清水罐)、煮水器(热水瓶)、水杓等;泡茶用具茶壶、茶杯(茶盏、盖碗)、茶则、茶叶罐、茶匙等;品茶用具茶海(公道杯、茶盅)、品茗杯、闻香杯、杯托等;辅助用具茶荷、茶针、茶夹、茶漏、茶盘、茶巾、茶池(茶船)、茶滤及托架、茶碟、茶桌(茶几)等。

茶具组合既可按规范样式配置,也可创意配置,而且以创意配置为主。既可齐全配置,也可基本配置。创意配置、基本配置、齐配置在个件选择上随意性、变化性较大,而规范样式配置在个件选择上一般较为固定,主要有传统样式和少数民族样式。在茶席设计中器具配饰的选择除了以上的基本规范,还应把握最重要的一点就是器具的选择一定要与所选茶品适合,符合茶性,做到这点,只要看茶具,基本就知道是什么茶类的茶席。比如,绿茶所选器具可用盖碗、玻璃,不选用紫砂壶泡,否则茶会泡熟泡老,无法显现绿茶漂亮的外形与嫩绿,还会影响到绿茶清香滋味;又如红茶用白瓷杯具或紫砂冲泡,花茶用盖碗,黑茶用紫砂壶等,视茶而变。因此,茶席设计中千万不能一味地为了美观而忽视茶品之本性,盲目从之。茶用器具的材质、型制、色泽及其组合,能够呈现茶品个性。器具的选用,反映的是泡茶者对茶叶的理解和相关知识的掌握,以此为前提,再来表达诸如艺术、境界等。

除了茶具之外,茶席的整体设计自然离不开其他辅助配饰的整合。我国传统文化中的"四艺"——点茶、焚香、插花、挂画的内容，通常被普遍应用于茶席设计之中，一是美化茶席给人以美感，同时也体现茶德精神。

茶席设计是否符合茶席用途，显得尤为重要。所以茶席设计应该依据茶席主题与实际用途，区别对待，灵活设计。切勿生搬硬套，固守陈式。前面讲到，茶席依据适用场合不同，在设计上往往会有所区别。表演性、观赏性的茶席以氛围美观为主。即使两者都是冲泡同一种茶，但仍然要区别对待。比如表演性的茶席，场景设计随机性较强，根据场地、环境等因素茶席的陪衬环境都会发生变化，并不能完全符合表演主题。这时候在设计上就要在台面布置上下功夫，可以将茶具、插花、铺垫作为重点，尽可能醒目抢眼，背景即可弱化，可有可无。观赏性的自不必多说，把握主题，整体烘托，调动挂画诗书、焚香插花等一切积

蔬城煮豆情

茶语祥音

极简蛇木

极因素,尽可能营造更为完美的视觉艺术氛围。其他的茶会、茶事、茶文化活动都应一一区别,因需设计。

## 五、茶道

### (一)中日茶道溯源

前面已经提到,茶道的源头在中国,"茶道"一词诞生于中国。但是对茶道的定义至今没有明确的解释,因为中国的茶文化是在民间的土壤上发育、发展和逐步成熟的,即先有庶民茶文化,后才形成皇家茶文化。而对于皇家茶文化记载甚多。如南齐武帝萧赜虽然下令在灵上以茶为祭,却是"天下贵贱,咸同此制"。唐代皇帝在清明时节要举行"清明宴",以新到的贡茶款待群臣,以示皇恩浩荡。宋代皇帝也常将龙团凤饼分赐文武百官,得到赏赐者受宠若惊,"不敢碾试,但家藏以为宝。时有佳客,出而传玩尔"。欧阳修曾获一饼,竟至"每一捧玩,清血交零而已"。民间茶事也非常活跃,文人雅士们醉心于茶宴、茶会,佛门禅院里茶烟缭绕,大小城镇中茶馆林立、茶旗飘扬。宋徽宗本人醉心于茶艺,且有精湛的造诣,又写有《大观茶论》一书,尽管他早已认为茶叶有致清导和、韵高致静的特性,但他只是将茗饮的兴盛当做太平盛世的表征,因而乐见"缙绅之士,韦布之流","盛以雅尚相推,从事茗饮"。既不干涉百姓的茶事活动,也未赋予其传布社会道德的教化功能。另一位特别好茶的帝王是清代的乾隆,传说他主动退位时,老臣劝说"国不可一日无君",他答曰"君不可一日无茶"。乾隆四次视察杭州龙井茶区,写了《观采茶作歌》:"防微犹恐开奇巧,采茶揭览民艰晓","敝衣粝食曾不敷,龙团凤饼真无味"，反映了乾隆为君爱民的儒家思想。

在民间，茶叶已成为柴米油盐酱醋茶开门七件事之一。客来敬茶，以茶表敬意、以茶提神解乏、以茶养生、以茶自娱、以茶赠友、以茶定亲、以茶祭祀等习俗无需教导，无需劝说，人们自然而然会遵守。而文人雅士们则醉心于品茗技艺的探研，追求诗意的审美境界，很少人会从社会学和哲学角度去考虑茶道精神问题。中国古代的官吏都是典型的儒家子弟，他们历来遵循儒家的处世原则，达则兼济天下，穷则独善其身。只以茶来排忧解闷，寻求解脱，更不会过问社会道德教化问题。而中国的佛门僧侣向来不干预寺外尘俗世界的事务，他们出来参加茶事活动，也都是以文人的身份出现，只不过他们的审美情趣中更多地带有禅味而已。除了个别像皎然这样的大德高僧之外，很少有人会去考虑茶道问题。所以，中国茶道形成的理论基础较为薄弱。

而日本大批僧人从中国寺庙中学习种茶、制茶和茶的饮用之法，并且带回日本后进行发扬光大，形成了日本的茶道。如第一个在中国学习饮茶，把茶种带到日本的是日本留学僧最澄；第一位把中国禅宗茶理带到日本的僧人荣西禅师。正是荣西的茶学著作《吃茶养生记》介绍了中国宋代制茶方法及泡茶技术，并自此有了"茶禅一味"的说法。所以，日本历史上的茶道大师都是名声卓著的大德高僧，不但赋予日本茶道以浓郁的佛教色彩，也增强了日本茶道的权威性，特别是日本茶道始祖千利休提出"和、敬、清、寂"茶道精神之后，形成了嫡子继承的"家元制度"。二是日本僧人来中国留学之时，中国的饮茶方式（如唐代的煮茶和宋代的点茶）已经相当成熟，引入日本之后是作为一种高级文化形态首先在皇室贵族之间流传，而且在相当长的时间内一直为统治阶级所专享,并且得到当权的武士阶级的支持。后来才逐渐传播到民间,上行下效,原已成熟定型的饮茶方式和清规戒律,也为民间所全盘接受,形成社会的共识。三是日本统治阶级对茶道的重视利用,加强了茶道与权力的关系。其中尤以 15 世纪的足利幕府最为突出。如幕府的第八代将军足利义正,根据亲信能阿弥的推荐,招来奈良称名寺的高僧村田珠光(1423—1502),让他撰写茶汤法则(《心之文》)和其他茶故事,又在东山御所(银阁寺)兴建数栋房子,以推行由珠光所提倡的禅院式茶礼,竭力提倡以饮茶方式来改善人际关系,并且祈祷天下太平。后来的织田信长、丰臣秀吉更想借助茶道来统一天下。对于作战有功的武将不再给予土地,而是以珍贵的茶器来进行颁奖。丰臣秀吉沿袭了信长"准许茶汤御政"的做法,继续让千利休出任自己的茶头,要使茶汤在战乱中发挥作用,因此千利休有许多武将出身的弟子。丰臣秀吉自己也经常在重大政治活动前后举

行规模盛大的茶会,进一步扩大了茶道的社会影响。所以,日本的权力保护了茶道且大大发扬了茶道精神。

### (二)中华茶道精神

茶道是狭义的茶文化的核心内容。茶道精神是茶文化的核心,是茶文化的灵魂,是指导茶文化活动的最高原则。中国茶道精神是和中国的民族精神、中国民族性格的养成、中国民族的文化特征相一致的。

唐代刘贞亮在《茶十德》中曾将饮茶的功德归纳为十项:"以茶散闷气,以茶驱腥气,以茶养生气,以茶除疠气,以茶利礼仁,以茶表敬意,以茶尝滋味,以茶养身体,以茶可雅志,以茶可行道。"其中"利礼仁"、"表敬意"、"可雅志"、"可行道"等就是属于茶道范围。当代茶圣吴觉农先生认为,茶道是"把茶视为珍贵、高尚的饮料,饮茶是一种精神上的享受,是一种艺术,或是一种修身养性的手段"。庄晚芳先生认为中国茶道的基本精神为廉、美、和、敬,廉即廉俭育德、美即美真廉乐、和即和诚处世、敬即敬爱为人。陈香白先生的茶道理论可简称为"七艺一心"。中国茶道包含茶艺、茶德、茶礼、茶理、茶情、茶学说、茶道引导七种义理,而核心是和。周作人先生对茶道的理解为:"茶道的意思,用平凡的话来说,可以称作为忙里偷闲,苦中作乐,在不完全现实中享受一点美与和谐,在刹那间体会永久。"而茶界泰斗张天福先生从唐朝陆羽《茶经》所提的"茶最益精行俭德之人"和宋徽宗赵佶《大观茶论》所提的致清导和、韵高致静,提出以俭、清、和、静为内涵的中国茶礼。他说:俭就是勤俭朴素,清就是清正廉明,和就是和衷共济,静就是宁静致远,这种精神就是中华民族从唐宋以来所提倡的高尚的人生观和处世哲学。

总之,中华茶文化的核心精神可以概括为清、敬、和、美。

清:清茶一杯,味甘至净。茶鲜叶本身就有着一股淡淡的清香,采摘制得的茶叶成品也应是清醇、清净、清雅、清逸的,可谓"芳茶冠六清,溢味播九区"。《三国志》里的吴主孙浩以茶代酒、晋桓温公的粗茶淡饭以及陆纳杖侄都无不说明着茶文化精神中的清正、清廉、清风。虽然就一个单一的"清"字,但却不仅包含了茶的基本特征,还蕴涵着人的高尚品质。一个"清"字,也简单地涵盖了之前许多茶业界学者提出的德、俭、廉、正、静、真等多种内涵。

敬:是人与人之间的相互敬重,是敬爱为人、敬老爱幼。中国自古以来是礼仪之邦,重视待客礼节,茶作为待客佳品,以茶待客用以表达主人的敬意,表达了人与人之间的相敬相爱之情。像蒙古族的奶茶、藏族的酥油茶主要体现的就是以茶待客、以茶表敬意。然而"敬"也是佛教思想中"心佛平等"观的衍生,它代表着在品饮香茗之间人人平等、并无贵贱的理念,传递着摒除人心杂念与欲望,超脱世俗,人与人之间本心相待,敬爱为人的思想。它体现了茶之于礼俗的价值和为人处世之道。

和:在基于茶文化"清"和"敬"的基础上,在儒释道三重影响作用下,吸取各家之长融合之后得到的另一茶文化核心内涵。儒家有着"修身齐家治国平天下"的终身抱负,要求严格的自我道德约束和自我反省能力,进行人格的完善。茶作为高雅高洁之物,在品饮过程中,就是一种人格修炼与完善。道家则一心修仙,主张"天道自然"、"天人合一",而茶是吸取了天地日月之精华的自然之物,所以也十分受道家青睐。佛家的"禅茶一味"是佛家修炼的一种至高境界。在参禅悟道的过程中，佛门弟子以"吃茶去"来涤烦去躁，进而静心修炼。所以一个"和"字，它体现的是人与人、人与社会、人与自然的和谐关系，也是儒释道的综合。

美：美包括了人的审美意识、美感经验以及美的创造与发展。茶叶的色、香、味、形，无不体现着美感。茶园、茶诗、茶画、茶具、茶人都是属于美的范畴。或是细细啜饮一杯美妙的香茗，或是观赏美丽的茶园，或是在清雅的茶室赏一幅茶画、把玩一茶具，都是生活美的体验。当然如若你能亲自吟一首茶诗、作幅茶画，进行"美"的创造，就更能体会到茶文化之魅力。"美"不单单停留在此，它更是代表着对人性美善、生活美满和社会美好的追求，是茶、人、社会与自然在哲学境界上的一种升华。

中国的茶道思想一直深受儒释道三教的影响。中国自西汉废黜百家独尊儒术之后，儒家的哲学思想占据了正统地位，成为知识分子思想体系的核心，以至"儒"字成为知识分子的代称。因此，儒家哲学思想对中国茶道自然会有深刻影响。道家和佛教，不但对中国茶叶由食品转变为饮料及饮茶之风的普及起了巨大作用，还因儒释道三教在唐代的合流而对中国知识分子思想观念产生很大影响。

其中，儒家是中国古代最具影响力的学派，其影响力延续至今。它的核心思想是"礼乐"和"仁义"，提倡"忠恕"和"中庸"之道，追求人格完美与道德教化。茶在文人士大夫的生活中占有重要地位，因为茶之性高洁、恬淡，与文人士大夫的气质不谋而合，也是他们的精神寄托。文人士大夫官场不得志，寄情于山水，寄情于清茶一杯，依旧保持着自身的远大抱负和道德修养。

所以陆羽曾说："茶之为用，味至寒，为饮，最宜精行俭德之人。"通过整个品茗过程，不断地自我反省与修炼身心，让心志得到陶冶，让人格逐渐完美。

而道家是春秋战国时期诸子百家中的重要思想学派，道家的核心思想是"虚静自然"、"无为而治"，追求的是"道法自然"、"天人合一"。道家通过对宇宙、社会和人生的领悟，在哲学思想上呈现出永恒的生命力。何谓道，指的是天地万物的本质和自然循环的规律。自然界万物处于经常的运动变化之中，道即是其基本法则。《道德经》中说"人法地，地法天，天法道，道法自然"，就是关于道的具体阐述。所以，人的生命活动符合自然规律，才能够使人长寿。这是道家养生的根本观点。而茶吸取了天地日月之精华，能够静心、明目、养生，正如卢仝的《七碗茶诗》中所说："五碗肌骨清，六碗通仙灵。七碗吃不得也，唯觉两腋习习清风生。"所以茶乃道家的修身养性之物，茶文化也与道家的精神相结合起来。

佛教虽然自古印度传入，但是千百年前却席卷了华夏国土，乃至整个世界，是最早的世界性宗教。佛教的三学分别为戒、定、慧。戒学是佛教门徒对自己行为的要求与规范；定学倡导的是禅定、静虑，以达顿悟；慧学是彻悟宇宙和人生的般若智慧。佛家通过三学指导修行，即严格要求自己的言行，通过静坐来参禅悟道，通过禅定、静虑来体味人的本心，超越世间的一切，超越苦痛、生死得以获得解脱。茶独有的清净、提神作用，使其成为僧侣们静坐禅定修行之时的必需品，让其涤去凡尘，达到心的宁静。后来寺庙不仅种茶、栽茶，还制茶和吃茶，茶事也成为佛教的重要活动之一。茶道与禅宗，殊途同归，而又相辅相成，茶禅一味。

## 参考文献

[1]董尚生、王建荣：《茶史》，浙江大学出版社，2003 年。

[2]陈文华：《中国茶艺学》，江西教育出版社，2009 年。

[3]屠幼英、何普明、吴媛媛、陈喧等：《茶与健康》，世界图书出版
　　西安公司，2011 年。

# 第四章　名茶典故与礼俗

# 第一节　十大历史名茶及典故

中国茶的历史悠久,茶类品种丰富。中国名茶在国际上享有很高的声誉,被视为浩瀚茶海中的珍品。在中国茶叶历史上,不同时期曾多次评出过中国十大名茶。本章主要介绍曾被列为中国十大名茶中的部分名茶的品质特征及典故。

## 一、西湖龙井茶

西湖龙井茶素有"国茶"之称,与杭州的虎跑泉并称为"杭州双绝"。

关于西湖龙井茶有一个美丽的传说。在宋代,西湖边一个叫"龙井"的小村里住着一位孤苦伶仃的老太太,她唯一的生活来源就是她院子里的 18 棵茶树。有一年,茶树因树龄太高,茶叶质量欠佳卖不出去,老太太几乎断炊。一天一个老叟来到她的院子里,看了一圈后说要用五两银子买下放在墙角的破石臼,老太太正愁没钱生活,便爽快地答应了。老叟十分高兴,告诉老太太别让其他人动,一会儿派人来抬。老太太想:得了五两银子要让人家把石臼干干净净地抬走。于是她把石臼上的尘土、腐叶等扫掉,堆了一堆,可放哪儿呢? 干脆埋在茶树下边吧。过了一会,老叟果然带了几个膀大腰圆的小伙子过来,看到干干净净的石臼,忙问那些杂物哪去了。老太太如实相告,哪知老头懊恼地一跺脚:"我花了五两银子,买的就是那些垃圾啊!"说完扬长而去。老太太眼看着五两银子从手边溜走,心里特别难过。但不久,奇迹发生了:那18棵茶树新枝嫩芽一齐涌出,茶叶又细又润,沏出的茶清香怡人。茶树返老还童的消息迅速传遍了西子湖畔,许多乡亲来购买茶籽。渐渐地,龙井茶便在西子湖畔种植开来,"西湖龙井"也因此得名。多年后,老太太居住的茅草屋改建成了老龙井寺,乾隆游览西湖时盛赞龙井茶,并将这位于狮峰山胡公庙的18棵茶树封为"御茶树"。

## 二、洞庭碧螺春

太湖洞庭山上有位叫碧螺的孤女,美丽聪慧,喜欢唱歌,山里人都喜欢听她的歌声。与她隔水相望的对岸有位叫阿祥的渔民,为人勇敢、正直。碧螺姑娘那悠扬歌声常常飘入正在太湖上打渔的阿祥耳中,阿祥被歌声所打动并默默地产生了倾慕之情,却无缘相见。有一年,太湖里突然跃出一条恶龙,强使人们在洞庭山上立庙,且要求每年选一少女为其做"太湖夫人"。太湖百姓不应其强暴要求,恶龙乃扬言要荡平西山,劫走碧螺。阿祥为保卫洞庭乡邻与碧螺的安全和恶龙交战,俱负重伤,倒卧在洞庭之滨。乡邻们赶到湖畔将已身负重伤倒在血泊中的阿祥救回了村里,碧螺把阿祥抬到自己家里,亲自护理。阿祥因伤势太重,已处于昏迷之中。一日,碧螺为寻觅草药,来到阿祥与恶龙交战后流血的地方,猛然发现生出了一株小茶树,枝叶繁茂。碧螺心

生一念，以口衔茶芽，泡成了翠绿清香的茶汤捧给阿祥饮尝，阿
祥饮后，果然精神顿爽。碧螺心里充满了喜悦和欣慰。之后，碧
螺每天清晨上山，将那饱含晶莹露珠的新茶芽以口衔回，揉搓焙
干，泡成香茶。阿祥的身体渐渐复原了，可是碧螺却因天天衔
茶，以致渐渐失去了元气，终于憔悴而死。阿祥万没想到，自己
得救了，却失去了美丽善良的碧螺，悲痛欲绝，遂与众乡邻将碧
螺共葬于洞庭山上的茶树之下。为告慰碧螺的芳魂，于是就把
这株奇异的茶树称之为"碧螺茶"，制成的茶叶称为"碧螺春"。

### 三、君山银针

君山银针又被称为"白鹤茶"。据传说唐朝初年，一位名叫
白鹤真人的云游道士从海外仙山归来，随身带了八株神仙赐予
的茶苗种在君山岛上。后来，他修起了一座巍峨壮观的白鹤寺，
又挖了一口白鹤井。白鹤真人取白鹤井水冲泡仙茶，只见杯中
一股白气袅袅上升，水汽中一只白鹤冲天而去，此茶由此得名
"白鹤茶"。又因为茶叶颜色金黄，形似黄雀的翎毛，所以又被称
为"黄翎毛"。后来，此茶传到长安，深得天子宠爱，遂将白鹤茶
与白鹤井水定为贡品。有一年进贡船经过长江时，由于风浪颠
簸把随船带来的白鹤井水给泼掉了。押船的州官吓得面如土
色，急中生智，只好取江水鱼目混珠。运到长安后，皇帝泡茶，只
见茶叶上下浮沉却不见白鹤冲天，心中纳闷，随口说道："白鹤居
然死了！"岂料金口一开，即为玉言，从此白鹤井的井水就枯竭
了，白鹤真人也不知所踪。但是白鹤茶却流传了下来，即为今天
的君山银针茶。

### 四、祁门红茶

据史料记载,清代光绪以前祁门并不生产红茶,而是盛产绿茶,制法与六安茶相仿,故曾有"安绿"之称。光绪元年,黟县人余干臣从福建罢官回籍经商,创设茶庄,祁门遂改制红茶,并成为后起之秀。至今已有 100 多年历史。祁门茶叶条索紧细秀长,汤色红艳明亮,特别是其香气酷似果香,又带兰花香,清鲜而且持久。既可单独泡饮,也可加入牛奶调饮。祁门茶区的江西"浮梁工夫红茶"是"祁红"中的佼佼者,向以"香高、味醇、形美、色艳"四绝驰名于世。

### 五、黄山毛峰

据传明代天启年间,江南黟县新任县官熊开云 4 月初到黄山春游,在罗汉峰下迷了路,遇到云谷寺慧能长老,便借宿在寺中。长老亲自泡茶敬客,知县发现茶叶颜色绿中带黄,形状类似雀舌,身披白毫;沸水冲下去,热气绕碗转一圈,到碗中心后直线升腾,在空气中转一圈后化成一朵白莲花;白莲花最后又散成热气,满屋清香。知县问后才知此茶是黄山毛峰。告别时,长老赠给知县一包茶和一葫芦黄山泉水,嘱咐只有用黄山泉水泡才会出现白莲奇景。知县回黟县后不久遇到好友太平知县拜访,便冲泡了黄山毛峰。太平知县看到白莲奇景很是欣喜,于是进京将仙茶呈献皇上,但冲泡时却未出现白莲奇景,皇上大怒,太平知县只好说出是熊知县所献。皇上即召熊知县进京,说明缘由后同意熊知县去黄山取水。熊知县再次到黄山向长老取了清泉,返京后用泉水冲泡,立即出现了白莲奇景。皇帝看后眉开眼笑,对熊知县说道:"朕念你献茶有功,升你为江南巡抚,三日后就上任去吧。"熊知县心中感慨万千,暗忖道:"黄山名茶尚且品质清高,何况为人呢?"于是脱下官服玉带,来到黄山云谷寺出家做了和尚,法名正志。如今在苍松入云、修竹夹道的云谷寺下的路旁,有一檗庵大师墓塔遗址,相传就是正志和尚的坟墓。

## 六、六安瓜片

很久以前,安徽金寨县麻埠镇有一位叫胡林的雇工,有一天为雇主到齐云山上采茶。采摘结束回来路上发现一处人迹罕至的悬崖石壁,只见石壁间有几株枝繁叶茂、苍翠欲滴的茶树,茶树叶大毫多,清香扑鼻。胡林在制茶方面是个行家,当即感觉这几棵茶树是难能可贵的品种,于是采摘下鲜叶精心炒制成茶。回家途中口渴难耐,路过一个茶馆歇脚,便将茶叶拿出来冲泡,顿时茶香四溢,沁人心脾。其他来歇脚的茶客均感到惊奇,齐赞:"好茶! 好茶!"胡林回到雇主家中后将采摘的茶叶交给雇主,雇主觉得此茶极好,又命胡林回山中采摘,但重回齐云山后却再也找不到那几株茶树了。当地人都认为这是"神茶",不可复得。又过了几年,有人在齐云山蝙蝠洞发现了几株茶树,与胡林当初上山后回来所描述的茶树一模一样,大家都称其为"神茶",六安瓜片就是由这些"神茶"繁衍而来,后来成为中国历史名茶之一。

## 七、武夷岩茶

传说很久以前,武夷神鸟从蓬莱仙岛衔大红袍茶树种子丢在九龙窠岩壁上,后来长出了三株大红袍茶树。那时有个穷秀才进京赶考路过武夷山天心寺时病倒了，方丈将秀才救起，见秀才脸色苍白、体瘦腹胀，便将九龙窠茶树制成的茶叶冲泡后让秀才饮用。不久后，秀才病愈，他当时允诺若取得功名，他日一定重返此地修整庙宇。过了几天，秀才进京赴考中了状元，并被招为驸马。状元为实现自己的诺言去武夷山谢恩，在老方丈的陪同下去九龙窠察看救过他一命的三株老茶树。状元当即请老方丈精制一盒茶叶带回京进贡给皇上，同时又差人将天心寺整修一新。状元回宫后得知皇后患病肚疼腹胀卧床不起，京城名医均找不出病因，便将从九龙窠带回的神茶呈给皇上，说此神茶能治百病，定会使皇后玉体康复。皇上郑重地说："若此神茶能使皇后康复，寡人一定去九龙窠赐封赏茶。"皇后饮用后，没几日身体果然康复了。皇上因朝廷事务繁忙，便将一件大红袍交给状元让他代自己去九龙窠封赏。状元到九龙窠后看到人山人海来欢迎的老百姓，便命人爬到半山腰将大红袍披在茶树上。茶树被披上大红袍后，岩顶上立刻阳光普照，掀开后芽叶在阳光下闪出红光，人们因此将这三株茶树称为"大红袍"。

## 八、安溪铁观音

相传，清乾隆年间，安溪西坪上尧茶农魏荫制得一手好茶，他每日晨昏泡茶三杯供奉观音菩萨，十年从不间断，可见礼佛之诚。一天夜里，魏荫梦见在山崖上有一株散发兰花香味的茶树，正想采摘时，一阵狗叫声把好梦给惊醒了。第二天，他果然在崖石上发现了一株与梦中一模一样的茶树，于是采下一些芽叶，带回家中，精心制作。制成之后，茶味甘醇鲜爽，闻着使人精神为之一振。魏饮认为这是"茶之王"，就把这株茶树挖回家中进行繁殖。几年之后,茶树长得枝叶茂盛。由于此茶美如观音重如铁,又是观音托梦所获,就被叫做"铁观音"。从此,铁观音名扬天下。

## 九、信阳毛尖

据传,很久以前,信阳没有种植茶树,当地的人生活十分贫苦,再加上贪官和地主相勾结,不断进行压榨,使得他们的生活雪上加霜。后来,当地开始流行一种无法医治的怪病,并不断传播开来。在一个患病的小村庄里住着一个心地善良的小姑娘春姑,她看到这种情况心急如焚,四处寻找治疗之方法。一天,她碰到一位老人家告诉她,只要翻山越岭走上几十天的路,在一处山上生长有一种茶树,可以治疗这种病。春姑按照老人家的话去寻找,走了90多天后精疲力尽地倒在了溪边。这时,一片叶子随水流流到了她身边,她提起叶片放入口中,突然感觉有了力气,便开始继续寻找,终于找到了那棵茶树。看护茶树的神仙告诉她,摘下的种子10天之内必须种到土里才能成活,可是回去10天肯定不行,于是担心起来。神仙知道后就将春姑变成了一只画眉,使得她可以及时飞回去,将种子放入泥土中。可春姑却因心力交瘁最后变成石头,永远守护在了茶树旁。后来,茶树慢慢长成,从林中飞出了许多的小画眉,它们将茶叶一片片放入病人口中,怪病迅速被治愈了。从此,信阳的人们便开始了茶树的种植。

## 十、都匀毛尖

1956年,当春茶刚开始采摘时,贵州省都匀市的三位青年茶农——谭修芬、王顺天、谭修凯精心制作了1.5公斤的鱼钩茶寄给了毛泽东主席。毛主席品饮后十分赞赏，并亲笔回信：茶叶很好，今后山坡上多种茶，茶叶可以命名为"都匀毛尖"。中央办公厅还给寄回了15元制作成本费。自此，"鱼钩茶"改名为"都匀毛尖"，开始闻名全国。

# 第二节　中国茶的礼俗

## 一、茶与生活习俗

以茶待客，历来是礼仪之邦——中国最普及、最具平民性的日常生活礼仪。古诗云："寒夜客来茶当酒，竹炉汤沸火初红。"茶有色、香、味、形四美，特别贵在其高尚的内在之美，公德正气、情操纯洁，所以中国人向来崇尚以茶为礼，尤其是在新春佳节，有宾客来访，主人总要先敬茶。在中国人重要的人生四大礼仪——生、冠（成年礼）、婚、丧中，茶总是担当了重任。茶作为民俗礼仪的使者，千百年来为人们所重视。它上达国家间的礼仪活动，下到人与人之间的交往，与人们日常生活密切相关。随着岁月的流逝，各种饮茶习俗世代相传、生生不息。

### （一）以茶待客表敬意

在中国，"客来敬茶"几乎不分公私场合，已成为一种起码的礼貌。客人来了，主人可以不招待饭菜，但不能不泡茶，以表示对客人的尊重。"来客不筛茶，不是好人家"这句流行于江西宜春地区的俗谚，就表示"客来敬茶"的重要性。"客来敬茶"是不分亲疏的。对一般的匆匆过客来家"讨口茶喝",主人总是热情相待。假若你到了城步苗族自治县的苗寨,热情好客的女主人会请你吃油茶。她用自制的茶叶烧好一锅滚茶,泡茶时,先在每只碗里放一点油炸食品(如包谷、黄豆、蚕豆、麦粉团、芝麻和爆米花等),把茶放下去后,再加上一点盐、蒜、胡椒粉。这样,一碗清香扑鼻、又辣又脆的油茶就端到你的面前来了。吃油茶和吃一般的茶不同,你不端碗便罢,一端碗就得连喝四碗,取四季平安之意。但吃过第四碗,就要把碗叠放起来,否则,主人以为你还没有喝够,要泡来第五碗。"以茶待客"在各地都有这样的习俗。

由于地理环境和民族习俗的差异,在我国"十里不同风,百里不同俗",各地人们敬茶的方式和习惯有很大的区别。鄂西地区的土家族流行"敬鸡蛋茶",茶油中打上荷包蛋,蛋的个数是三到四个,这个数表示对客人的最高敬意。因为土家人认为,吃一个是独吞,吃两个为骂人,吃五个是"销五谷",吃六个是"赏禄",吃七、八、九个则是"七死、八亡、九埋"。故以三、四个蛋的茶敬客,这既无居高"赏禄"之嫌,又吉祥合礼。而在江南一带却保持着宋元年间饮茶附以果料的习俗。有客来,要以最好的茶加其他食品于其中表示各种祝愿与敬意。湖南不少地方待客敬生姜豆子芝麻茶。客人新至,必献茶于前。茶汤中除茶叶外,还泡有炒熟的黄豆、芝麻和生姜片。喝干茶水还必须嚼食豆子、芝麻和茶叶。吃这些东西忌用筷子,须以手拍杯口将其震出。宁乡沩山地区的擂茶习俗就如此。茶是我国人民最普遍最基本的交往手段。泡茶是人们招待客人最起码的礼节,是衡量主人好客程度的基本尺度。

### (二)以茶赠友表情谊

长期以来,茶不仅被看做"礼敬"的表征,而且也用来喻示朋友间的情谊。团结友爱、互尊互敬是我国人民的优秀品德。人们在彼此容纳和尊敬的同时,又相互礼让和节制。民间茶礼突出反映了我国人民笃信友谊、重视友情的高尚情操。给远方的友人寄上一包新茶或名茶,将会让他们感到友谊的纯真可贵,令他们弥加珍惜。在唐代,这种以茶赠友的做法已相当流行。诗人白居易经常收到亲朋寄赠的新茶,他也常常邀约亲朋品茶饮茗。在品饮中纵谈古今,交流情感。他曾在《萧元外寄蜀新茶》诗中叹道"蜀茶寄到但惊新,渭水煎来始觉珍",表达了他对友谊的珍视和对亲朋的感激、眷恋。宋代,对"以茶赠友"的风尚极为注重,对后世的影响也颇深。《东京梦华录》载,开封人人情高谊,见外方之人被欺凌必来救护。或有新来外方人住京,或有京城人迁居新舍,邻人皆来献茶汤,或请到家中去吃茶,称做"支茶",表示友好和相互关照。这种以茶表示和睦、友好的"送茶"风俗,一直流传至今。浙江杭州一带,每至立夏之日,家家户户煮新茶,配以诸色细果,送亲朋戚友,便是宋代遗风。

"以茶交友"可谓"君子之交"。它不追求花天酒地、鱼肉豪宴;它只讲究清新淡雅的气氛,其乐融融的和谐状态。几位知己至交,围桌品茗谈心,相互问候,互致祝福,加深情谊,是多么温馨的事。茶之所以用之于交友赠友,大概是因为它被视为极清纯的天然之物,是坚贞、高尚、廉洁的象征,历代文人称其为"苦节君"。

正因为饮茶体现了一种和谐,是礼敬、友谊和团结的表征。

因此,当人们在交往中发生矛盾纠纷时,它又往往可发挥调解者的作用。现今,不少地方仍流行的"吃讲茶"的风俗,颇具代表性。据说这种风俗起于朱元璋起兵反元时期,如果双方发生争执,便被请到茶馆里或第三者的家中,边喝茶边心平气和地评理,直到双方满意为止。另外,许多地方的茶会也充当了调解者的角色。茶以其特有的清新淡雅的质地,维系着人与人之间的交往,寄喻人们的礼敬与情谊,发挥着巨大的礼俗功能。

### (三)茶与出生礼仪

在南方许多地区都有这样的风俗:当有小孩出生,第一个来看望产妇的人——"踩生人"进屋后,主人必须先用双手端上一碗米花糖茶敬客,"踩生人"也必须用双手接过茶喝下,民间认为喝这样的茶可以辟邪祈福,意味着人一出生就必须得到茶图腾祖神的保佑。而新生儿诞生的第三天,俗称"三朝日"按国内很多地方的习俗,都要举办各种形式的"吃原始煮茶"仪式。这是原始茶部落庆祝新生命到来的庆典遗韵,后人称之为"三朝茶礼"。在江西等地方,孩子初生,家长即以红茶七叶、白米七粒包为一个小红纸包,共包二三百包分发给亲朋好友。亲朋好友收到小红包后必须回以一些钱为礼。家长用这些钱买一把银锁,挂在孩子的脖子上。锁的正面写有"百家宝锁",反面写有"长命百岁"等字样。民间认为孩子戴上这锁可防病避灾,保延寿命。在浙江,当孩子满月时要行"搽茶剃胎发"仪式:先敬清茶于堂上,待茶稍凉后,主持仪式的妇女就边蘸茶水边在孩子额头上轻轻揉擦,同时念念有词道"茶叶清白,头发清白",然后才开始剃发,民间叫做"茶叶开面"。剃净后再用茶水抹头顶一遍,而后将胎发和刚拔下来的猫毛、狗毛杂揉一团,用红线穿起来,胎发团居中、桂圆在下的"胎发团串",挂在孩子母亲的床边,意味着孩子永远在母亲的身边,永远受母亲的保护。

### （四）茶与婚礼

茶在民间婚俗中历来是纯洁、坚定、多子多福的象征。明代许次纾在《茶流考本》中说:"茶不移本,植必生子。"古人结婚以茶为礼,取其"不移志"之意。古人认为,茶树只能以种子萌芽成株,而不能移植,故历代都将茶视为"至性不移"的象征。因"茶性最洁",可示爱情"冰清玉洁";"茶不移本",可示爱情"坚贞不移";茶树多籽,可象征子孙"绵延繁盛";茶树又四季常青,又寓意爱情"永世常青",祝福新人"相敬如宾"、"白头偕老"。故世代流传民间男女订婚,要以茶为礼,茶礼成了男女之间确立婚姻关系的重要形式。茶成为男子向女子求婚的聘礼,称"下茶"、"定茶";而女方受聘茶礼,则称"受茶"、"吃茶",即成为合法婚姻。如果女子再受聘他人,会被世人斥为"吃两家茶",为世俗所不齿。

旧时在江浙一带,将整个婚姻礼仪总称为"三茶六礼"。其中"三茶",即为订婚时"下茶"、结婚时"定茶"、同房时"合茶"。也有将其"提亲、相亲、入洞房"的三次沏茶合称"三茶"。举行婚礼时,还有行"三道茶"的仪式,第一道为"百果"、第二道为"莲子或枣子"、第三道才是"茶叶",都取其"至性不移"之意。吃三道茶时,接第一道茶要双手捧之,并深深作揖,尔后将茶杯向嘴唇轻轻一触,即由家人收去,第二道依旧如此,至第三道茶时,方可接杯作揖后饮之。

在浙江德清地区婚礼中的茶俗,则更为丰富多彩。比如"受茶":男女双方对上"八字"后,经双方长辈同意联姻,由男方向女方赠聘礼、聘金,如果女方接受,则谓之"受茶"。"定亲茶":男女双方确定婚姻关系后即举行定亲仪式。这时双方须互赠茶壶12把,并用红纸包花茶一包,分送各自的亲戚,谓之"定亲茶"。举行婚礼后,新婚夫妇或双方家长要用茶来谢媒,因在诸多谢礼中,茶叶是必不可少之物,故称"谢媒茶"。

喝新娘茶:我国南方地区历来有喝"新娘茶"的习俗。新娘成婚后的第二天清晨,洗漱、穿戴后,由媒人搀引至客厅,拜见已正襟危坐的公公、婆婆,并向公婆敬茶。公婆饮毕,要给新娘红包(礼钱),接着由婆婆引领新娘去向族中亲属及远道而来的亲戚敬茶,再在婆婆引领下挨门挨户拜叩邻里,并敬茶。敬茶毕,新娘向敬茶者招呼后,即用双手端茶盘承接茶盏,这时众亲友或邻里乡亲饮完茶,要随着放回杯子的同时,在新娘托盘中放置红包,而新娘则略一蹲身,以示道谢。在喝"新娘茶"时,无论向谁敬茶,都不能有意回避,否则被认为"不通情理"。

退茶:茶在我国的婚礼中,不但与订婚、结婚关系密切,且与退婚也有关联。茶不但是联姻的使者,也是断亲的表示。旧时贵州地区,姑娘往往被父母包办婚姻(即父母之命、媒妁之言)。订婚后女方若对亲事不满意,想断亲时,姑娘即用纸包一包茶叶,选适当时机,在高度"机密"的情况下,带至未婚夫家,借故与男方父母客套一番后,即放下茶包迅速离去,意谓退了"定亲礼",称为"退茶"。

### (五)茶与丧俗

在我国五彩缤纷的民间习俗中,茶与丧祭的关系也是十分密切的。"无茶不在丧"的观念,在中华祭祀礼仪中根深蒂固。

"祭祀"二字,往往让人联想起过世的人,其实,这是一种仪式,也反映了人类历史的一个侧面。至今,不少兄弟民族中,仍然存在着崇拜大自然的遗风。其意境是:让逝者把生者的厄运带走,而留给生者的是希望和好运,就以祭祀的方式来表示,其中自然要拿出好物品,来表示对死者的敬意,远古时代,茶就充当了这一角色。茶在历史上何时开始作为祭品,未有人做过专门的研究。古籍《仪礼·既夕礼》载:"茵着用茶,实绥泽焉。""茶"就是茶,说明前人早在远古至少在秦汉期间,就以茶作为祭品了。在我国,丧事纪念中用茶为祭品,大致在两晋以后,最初创于民间,后被皇室应用。齐武帝祭祀用茶早在南朝梁萧子显撰写的《南齐书》中就有记载:齐武帝萧赜永明十一年在遗诏中称:"我灵上慎勿以牲为祭,唯设饼果、茶饮、干饭、酒脯而已。"《周礼》:"掌茶以供丧事,取其苦也。"

以茶为祭,可祭天、地、神、佛,也可祭鬼魂,这就与丧葬习俗发生了密切的联系。上到皇宫贵族,下至庶民百姓,在祭祀中都离不开清香芬芳的茶叶。茶叶不是达官贵人才能独享,用茶叶祭扫也不是皇室的专利。无论是汉族,还是少数民族,都在较大程度上保留着以茶祭祀祖宗神灵、用茶陪丧的古老风俗。

用茶作祭,一般有三种方式:以茶水为祭;放干茶为祭;只将茶壶、茶盅象征茶叶为祭。在我国清代,宫廷祭祀祖陵时必用茶叶。而在我国民间则历来流传以"三茶六酒"(三杯茶、六杯酒)和"清茶四果"作为丧葬中祭品的习俗。如在我国广东、江西一带,清明祭祖扫墓时,就有将一包茶叶与其他祭品一起摆放于坟前,或在坟前斟上三杯茶水,祭祀先人的习俗。茶叶还被用作随葬品。从长沙马王堆西汉古墓的发掘中已经知道,我国早在2100多年前已将茶叶作为随葬物品。因古人认为茶叶有洁净、干燥的作用,茶叶随葬有利于墓穴吸收异味,有利于遗体保存。

茶在我国的丧葬习俗中,还成为重要的"信物"。在我国湖南地区,旧时盛行棺木葬时,死者的枕头要用茶叶作为填充料,称为"茶叶枕头"。茶叶枕头的枕套用白布制作,呈三角形状,内部用茶叶灌满填充(大多用粗茶叶)。给死者做茶叶枕头的寓意,一是死者至阴曹地府要喝茶时,可随时"取出泡茶";二是茶叶放置棺木内,可消除异味。在我国江苏的有些地区,则在死者入殓时,先在棺材底撒上一层茶叶、米粒,至出殡盖棺时再撒上一层茶叶、米粒,其用意主要是起干燥、除味作用,有利于遗体的保存。

丧葬时用茶叶,大多是为死者而备,但福建福安地区却有为活人而备茶叶——悬挂"龙籽袋"的习俗。旧时福安地区,凡家中有人亡故,都得请风水先生看风水,选择"宝地"后再挖穴埋葬。在棺木入穴前,由风水先生在地穴里铺上地毯,口中则念念有词。这时香火绕缭,鞭炮声起,风水先生就将一把把茶叶、豆子、谷子、芝麻及竹钉、钱币等撒在穴中的地毯上,再由亡者家属将撒在地毯上的东西收集起来,用布袋装好,封好口,悬挂在家中楼梁式木仓内长久保存,名为"龙籽袋"。"龙籽袋"据说象征死者留给家属的"财富"。其寓意是:茶叶历来是吉祥之物,能"驱妖除魔",并保佑死者的子孙"消灾祛病"、"人丁兴旺";豆和谷子等则象征后代"五谷丰登"、"六畜兴旺";钱币等则示后代子孙享有"金银钱物"、"财源茂盛"、"吃穿不愁"。

### （六）饮茶与家庭礼俗

茶，在人们的品饮过程中，不但形成了丰富的茶俗，而且与家庭礼俗相结合，发展成一套极为完备的以"奉茶明礼敬尊长"为核心的家庭茶礼。家庭茶礼对维护社会稳定，增强人们的沟通起着很大的作用。如江西大家庭里，有包壶、藤壶、小杯盖碗茶之分。包壶是一个特大锡壶，用棉花包起来，放在一个大木桶中，木桶留一小缺口，伸出壶嘴，稍一倾斜即可倒出来，该茶是专供下人、长工、轿夫喝的。藤壶是用于家人和一般来客喝的，是略小的瓷壶，放于藤制盛器中，倒茶时提出瓷壶，斟在杯中。而一家之主、喜庆节日、贵客临门，却要用新茶原泡的盖碗茶。家庭茶礼虽含有等级观念和贵贱尊卑的封建意识，但以茶明长幼显而易见，且为主流。

总之，茶是我国各族人民日常生活中不可或缺的物质，是民间礼俗、礼仪最重要的载体，对维护国家、社会、家庭的安定团结，维系人与人之间的和睦相容发挥了巨大作用。除酒之外，我国再也没有哪一样物质能像茶这样遍及社会生活和日常生活的每一个角落。大自然芸芸物类中，茶能在民间礼俗中占有如此重要一席，其原因除了我国是茶的故乡、饮茶历史悠久、栽种范围极广、具有与礼俗结合的自然条件外，更重要的是茶的本身特性及自然功用与我国传统文化、民间风俗的许多内容暗相吻合。茶是行礼仪、明礼节，作为礼俗的最好载体。

## 二、汉族特色饮茶习俗

### （一）茶馆

在我国，茶馆既是一个产业，又是一道风景，也是一种文化。

地无论南北、人不论工商、性别不论男女，都有"坐茶馆"的习俗，他们把茶馆作为接收信息、了解社会、人际交往、亲友团聚、商贸往来、休闲娱乐的重要场所。我国的巴蜀地区、京津重地、江南水乡、商埠上海以及南粤广州，都是传统茶馆的大本营，具有厚重的历史文化积淀。人们愿意放缓匆忙的脚步，平静一下浮躁的心情，在茶馆里得到文化的熏陶和享受，已慢慢成为现代人的一种消费习惯，成为一种休闲文化。

### （二）潮汕工夫茶

在闽南及广东的潮汕一带，老百姓生活悠闲，无论是抽喇叭烟、听南音，还是泡工夫茶，都其乐无穷。工夫茶具称有"四宝"：玉书碨，即烧开水的水壶；潮汕风炉，即烧火用的小泥风炉；紫砂小茶壶，名"孟臣罐"；小茶杯"若琛瓯"。小巧精致的茶具，赏心悦目，泡出香高味醇的凤凰单枞茶，朋友家人围坐，一边聊天，一边品茶，大街小巷茶香怡人，从古至今，连绵不绝。

### （三）北京大碗茶

在我国北方最常见的饮茶风尚就是喝大碗茶，其中最有名的要数北京大碗茶。大碗茶多为"忙人解渴"而生。金受申在《老北京的生活》中记述："至于沏茶以极沸之水烹茶犹恐不及，必高举水壶直注茶叶，谓不如是则茶叶不开。既而斟入碗中，视其色淡如也，又必倾入壶中，谓之'砸一砸'。更有专饮高碎、高末者流，即因家贫喝不起好茶，喝花碎茶叶和茶叶末。"这就是对大碗茶最形象的描述，喝大碗茶，不必上茶楼就可以谈心叙谊。北京大碗茶如今在前门老舍茶馆前仍继续实施，并得以传承。

### （四）广州早茶

广州早茶源于清代同治、光绪年间，已经延续几百年，如今成为广东人一种通常的社交方式。广东人饮早茶，一大清早踱入茶楼，叫上一壶清茶，两件小点，俗称"一茶两盅"，广州的早茶因此显得格外闲适。早茶亦有"礼节"，如服务员倒茶时，客人为表示谢意就以食指和中指轻扣桌面；如把壶盖打开，便是客人需要续水，服务员便会意而来。广东人饮早茶有的是当作早餐，全家老小围坐一桌，共享天伦之乐；有的喝完早茶即去上班；有的则以此消闲，或闲聊，或阅报，打发早上的时光。

## 三、少数民族茶俗

我国各少数民族因各自的历史、所处的地理和气候环境不同而形成不同特色的饮茶风俗，比较突出的是北方民族以加料"羹饮"为主，南方民族则保留较为传统的"吃茶"习俗。武陵山、大娄山以及大巴山苗族、土家族、侗族等流行的打油茶、油茶汤、擂茶以及蒙古族、维吾尔族、藏族生活中不可缺少的奶茶和酥油茶等均为"羹饮"和"吃茶"风俗的遗存。

### （一）蒙古族奶茶

蒙古族的饮茶传统是喝咸奶茶。在蒙古草原，人们习惯于"一日一顿饭，一日三餐茶"。清晨，女主人第一件事就是先煮一锅咸奶茶，可供全家整天享用。全家趁热喝茶，早上还配有炒米。剩余的茶就放在微火上暖着，可随时取饮。通常一家人只在晚上放牧回家才正式用餐一次，但早、中、晚三次喝咸奶茶却必不可少。蒙古族喝的咸奶茶，选取的多为青砖茶或黑砖茶，煮茶的器具是铁锅。制作时,把砖茶打碎后,将洗净的铁锅置于火上,烧水 2～3L,待刚沸腾时,加入 25g 左右的碎茶,5 分钟后当水再次沸腾,掺入 1/5 的鲜奶,稍加搅动后加适量盐巴,等沸腾时即可盛碗中待饮。煮咸奶茶的技术性很强,茶、加水、掺奶,以及加料次序的先后都会影响到奶茶滋味的好坏、营养成分的多少。茶叶放迟了,或茶和奶的放入次序颠倒了,茶味就会出不来。而煮茶时间过长,又会丧失茶香味。

### (二)回族八宝茶

回族流行着多样的饮茶方式,其中最有代表性的是喝刮碗子茶,所用茶具俗称"三件套",即茶碗、碗盖和碗托。茶碗盛茶,碗盖保香,碗托防烫。刮碗子茶选取的多为普通炒青绿茶,还配有冰糖与多种干果,诸如苹果干、葡萄干、柿饼、桃干、红枣、桂圆干、枸杞子等,有的还要加上白菊花、芝麻,通常是八种,故名"八宝茶"。由于"八宝"味道在茶汤中的浸出速度不同,故滋味每一泡都不同。一般用沸水冲泡后随即加盖,冲泡 5 分钟便可饮用。第一泡是甘冽清香的茶味;第二泡是甜香可口的糖味;第三泡茶滋味开始变淡,各种干果的味道沁人心脾,滋味的不同要依所添的干果而定。一杯刮碗子茶能冲泡五六次或更多。

### (三)藏族酥油茶

藏族发源于西藏境内的雅鲁藏布江流域中部地区,居住的地方海拔高,有"世界屋脊"之称,空气稀薄,气候寒冷干旱,以放牧或种植旱地作物为生,常年以奶肉、糌粑为主食,故"宁可三日无米,不可一日无茶"。喝酥油茶,便成了如同吃饭一样重要的生活习惯。制作酥油茶时,先将康砖或金尖茶用水煎煮20～30分钟熬制成茶汁,再加入适量酥油,还可根据需要加入事先已炒熟、捣碎的核桃仁、花生米、芝麻粉、松子仁之类,最后加上少量的食盐、倒入竹制或木制的茶筒,用一种特制的木棍,其顶端装有圆形木饼,上下不停地抽打,目的是搅匀茶、油和食盐,使之水乳交融。当打茶筒内发出的声音由"咣铛、咣铛"转为"嚓、嚓"时,表明茶汤和佐料已混为一体,最后加热,便制成了香味浓郁的酥油茶。藏族喝酥油茶有特定的礼仪,不能一口喝干,必须是边喝边添加。待客时,客人的茶碗总是斟满的。假如客人不想喝,就不要动茶碗。如果喝了一半,不想再喝,主人会将茶水斟满,等到告别时一饮而尽,这就符合藏族的习惯和礼仪。

### (四)维吾尔族香茶

居住在新疆天山以南的维吾尔族,主要从事农业劳动,主食面粉,最美味可口的是用小麦面烤制的馕,形若圆饼,色泽金黄,又香又脆。进食时,与香茶伴食,味道相得益彰,而且香茶有养胃提神的保健作用,是一种营养价值极高的饮料。故维吾尔族平日酷爱喝香茶。南疆维吾尔族煮香茶时,使用的长颈茶壶由铜、陶、搪瓷或铝材料制成,而喝茶用的是小茶碗,与北疆维吾尔族煮奶茶时使用的茶具相同。

制作香茶时,先将砖茶敲碎成小块状。同时,在长颈壶内加七八分水,当水刚沸腾时,将适量碎块砖茶放入壶中,待再次沸腾约5分钟时,将预先准备好的适量姜、桂皮、胡椒等细末香料,放进煮沸的茶水中,轻轻搅拌3～5分钟即成。长颈壶上套有一个过滤网可以防止倒茶时的茶渣、香料混入茶汤。

### (五)白族三道茶

白族是我国西南边疆一个具有悠久历史和文化的少数民族,主要分布在云南省大理白族自治州、丽江、碧江、保山、南华、元江、昆明、安宁等地。热情好客的白族人民,在亲朋宾客来访之际或在喜庆日子里,都会精心制作一苦、二甜、三回味的白族三道茶款待。三道茶,又称为"绍道兆",以前主要是长辈亲自泡茶,以表达对晚辈的谆谆教导和美好祝愿,因为三道茶包含了生活的哲理。白族三道茶是子女学艺、出门、婚嫁时的一套必不可少的礼俗。

制作三道茶时,每道茶的制作方法和所用原料都是不一样的。第一道"清苦之茶",寓意为先苦后甜。采用大理产感通茶,用特制的陶罐烘烤冲沏,茶味浓酽。制作时,水烧开后将一只小砂罐慢慢烘烤。第二道"甜茶"。选取下关沱茶,当客人喝完第一道茶后,在茶盅中放入少许红糖、核桃后,主人重新用小砂罐置茶、烤茶、煮茶,待煮好的茶汤倾入预置的茶盅内八分满。第三道"回味茶",采用苍山雪绿,其煮茶方法相同,但放的原料已换成蜂蜜、炒米花、花椒、核桃仁、姜、桂皮等,而这时的茶汤容量通常为六七分满。

### (六)土家族擂茶

擂茶,别名"三生汤",所谓的"三生"是指从茶树采下的新鲜茶叶、生姜和生米等三种生原料,擂茶便是由这三种原料烹煮而成的汤。相传三国时,在盛夏酷暑时,张飞带兵进攻武陵壶头山(今湖南省常德境内),当地正值瘟疫,张飞和许多将士纷纷病倒。正在危难之际,村中一位草医郎中便献出祖传除瘟秘方擂茶,结果茶到病除。而今的擂茶,在选配的原料上已有所不同,除茶叶外,还配有炒熟的花生、芝麻、米花等;此外,还要加些生姜、食盐、胡椒粉之类。茶和各种佐料放在特制的陶制擂钵内,将木擂棍放入其中不停用力旋转破碎,使各种原料成为浆汁相互融合,用沸水冲泡,用调匙轻轻搅动几下,再取出倾入茶碗,并且还可加入各种炒米等食品调成擂茶。

### (七)景颇族腌茶

我国的景颇族主要分布于云南省德宏傣族景颇族自治州的潞西、瑞丽、陇川、盈江和梁河等县山区,至今保持以茶当菜的"腌茶"习俗。在雨季最适宜制作腌茶,景颇族的姑娘们先从茶树上采回鲜叶用清水洗净,沥水后将鲜叶放在竹匾上摊晾,再稍加搓揉,加入适量辣椒、食盐拌匀,放入罐或竹筒内,用木棒层层舂紧,将罐(筒)口盖紧,或用竹叶塞紧。静置2～3个月,当茶叶色泽转黄时茶就腌好了。腌好的茶从罐内取出晾干,食用时还可拌些香油、蒜泥或其他佐料。

### (八)纳西族龙虎斗茶

我国的纳西族主要聚居于云南省丽江市中甸、永宁、德钦、永胜和大理州鹤庆、剑川、宁蒗、华坪等县以及四川省盐源、盐边、木里等县,西藏的芒康县也有少数分布。喜爱喝茶的纳西族除了喜欢喝盐茶外,平日还爱喝一种具有独特风味的"龙虎斗"茶。其制作方法是:烧开水以后,将适量茶放入一只小陶罐中一起烘烤。为使茶叶受热均匀,避免茶叶烤焦,需要不断转动陶罐。当茶叶发出焦香时,再向罐内冲入开水,烧煮3～5分钟,同时,将半盅白酒放入茶盅,再将煮好的茶水冲进盛有白酒的茶盅内,这时,茶盅内会发出"啪啪"的响声,纳西族同胞将此看做是吉祥的征兆。声音愈响,气氛越欢乐。趁热喝下"龙虎斗"还是治感冒的良药。如此喝茶,不仅生津解渴,而且香高味酽,可谓独树一帜。

如上所述,我国少数民族的茶俗与汉族的茶俗形式各异,但其以茶待客、以茶祭祀、以茶联姻、以茶歌舞等文化内涵是统一的。

# 第五章　合理选茶和科学饮茶

茶叶品种繁多,对一般消费者来说,选茶非常之难。诸如不知道什么茶适合自己、不同的茶其口感和特性有何不同、新茶和陈茶如何识别、不同季节喝什么茶对自己身体有益等问题,使得人们想喝茶但是不敢尝试。本章将告诉消费者如何选好茶,以及科学饮茶的方法。

## 第一节　合理选茶

茶叶按照加工方法可分为红茶、绿茶、青茶、白茶、黄茶、黑茶六大类;以采摘季节可分为春茶、夏茶和秋茶;以地势又可分为高山茶与平地茶。

### 一、形成茶叶色、香、味的基础物质

只有先了解了形成茶叶色、香、味的基础物质,才能判别茶叶品质的差异。

#### (一)茶叶的色泽

茶叶的色泽包括干茶色泽、冲泡后的汤色及叶底色泽三个方面。使茶叶变色的化学物质主要有叶绿素、叶黄素、胡萝卜

素、花青素、花黄素及茶多酚的氧化产物等。这些物质在茶叶加工过程中发生一系列化学变化，并通过人为地加以科学控制，使各种成分的结构、含量沿着茶类品质要求方向变化，形成各茶类所需的色泽。

干茶和叶底的色泽与茶汤的颜色，是两种不同的色泽概念，由不同的化学成分组成所决定。不同茶类的干茶的色泽一般如下：绿茶是黄绿色，红茶是乌黑红色，黑茶是紫褐色，乌龙茶是青褐色，黄茶是黄绿色，白茶是白色。

绿茶干茶色泽有翠绿、嫩绿、嫩黄、墨绿和黄绿等颜色。它的形成主要是由鲜叶中含有的叶绿素含量、组成及茶多酚氧化产物一起综合作用结果的反映。名优绿茶干茶色泽多呈嫩绿、嫩黄色，这是由叶绿素含量组成比例引起的。老叶叶绿素 A 含量较高，所以用老叶制成的绿茶色泽则呈黄绿或深绿。绿茶的汤色主要由茶多酚类物质的氧化程度所决定。蒸青茶和名优绿茶色泽翠绿，就是由于在加工时采用高温、短时、快速和透气等技术措施，叶绿素破坏较少，茶多酚氧化程度适宜，从而保持了绿翠的色泽。

红茶干茶色泽要求呈乌润或棕红色、汤色红艳明亮、叶底红亮，这种色泽的形成主要取决于茶多酚的氧化产物茶黄素、茶红素和茶褐素的含量和相互间的比例。工夫红茶揉捻程度较轻，细胞破坏不完全，黏附在叶表面的茶汁相对较少，再加上揉捻时析出的蛋白质、果胶、糖等有机物质全部凝固于叶表，故呈乌润的色泽。红碎茶因细胞破碎率高，黏附在叶表面的茶多酚及其氧化产物含量多，故色多呈棕红色或红褐色。红茶的汤色红艳程度，主要取决于茶多酚的氧化产物茶红素的含量；汤色的明亮度则由氧化产物茶黄素的含量决定。红茶由于发酵程度过度或贮藏时间过长、含水量过高、受潮变质等原因汤色由红艳转为红暗，甚至似"酱油汤"，表明红茶的茶黄素含量降低，茶褐素含量增加。品质好的红茶，冲泡后的茶汤常在杯沿出现金黄色的"金边"，说明茶黄素含量高，收敛性强。水温 10℃ 以下的红茶汤出现浑浊，说明茶黄素与咖啡因结合产生一种大分子的络合物，这是红茶品质好的标志。品质差的红茶，汤色深暗，没有"金边"，不产生"冷后浑"，说明该茶茶黄素含量低，茶褐素含量高。红茶叶底的色泽是茶多酚的氧化产物与蛋白质缩合成水不溶产物的结果的反映。茶黄素、茶红素与蛋白质结合，叶底色泽呈红艳或红亮；茶褐素与蛋白质结合，叶底色泽呈暗红或暗褐。

### （二）形成茶香气的基础物质

形成茶叶香气的成分是复杂的。据有关资料显示，茶叶香气成分有 500 多种，鲜叶固有的香气成分只有 53 种，其余是在茶叶加工过程中形成的。制约茶叶香气的因素也是多方面的，如茶树生长环境、茶树品种、采茶季节、芽叶嫩度及加工方法等。一般高山茶比平地茶香气好；中小叶种茶比大叶种茶香气好；嫩叶茶比粗老叶茶香气好；加工及时、原料新鲜的茶比闷堆时间过长和变质的茶香气好而清鲜。

目前已掌握的几种主要香型组成物质是：

（1）清香型的组成物质：二甲硫、反型青叶醇、戊烯、醇 2-己烯醛等。

（2）香型的组成物质：吡嗪、吡咯类物质等。

（3）花香型的组成物质：苯乙酸、香叶醇、苯甲醛、水杨酸甲酯、醋酸苯乙酯、苯乙苯甲酯、橙花醇等。

（4）鲜爽型的组成物质：沉香醇及其氧化产物、水杨酸甲酯、牻牛儿醇等。

（5）粗青气和青草所的组成物质：顺型青叶醇、己烯醛、正己醛、异戊醇等。

### （三）形成茶叶滋味的化学物质

茶叶呈味物质主要是茶多酚及其氧化产物、茶黄素、茶红素、氨基酸、咖啡因、可溶性糖类、有机酸、水溶性蛋白质及芳香油等。其中有刺激性涩味物质是茶多酚，苦味物质是咖啡因、花青素和茶皂素等，鲜味物质主要是氨基酸，甜味物质主要是可溶性糖和部分氨基酸，鲜爽物质是氨基酸、儿茶素、茶黄素和咖啡因的复合物。

茶多酚是呈味的主体物质，茶多酚含量高的茶味浓，但未氧化的茶多酚含量过高则味青涩。茶多酚含量过低或茶多酚氧化过度，则茶味淡。茶多酚氧化产物茶黄素与咖啡因结合产生的络合物呈鲜爽味。

在绿茶味的形成中，起主要作用的成分是儿茶素和花青素。儿茶素形成的涩味和花青素形成的苦味不同。单纯的茶多酚较苦涩，但与其他物质相互配合协调，就能形成绿茶特有的滋味。配合协调的物质不同，味也不同。如果茶汤液中含有 0.15％的游离精氨酸（即与氨基酸配合），可使滋味有鲜爽感；若与糖配合，便可有甜醇之感；若与谷氨酸酰乙胺、水溶性果胶配合，可有浓厚的滋味。闻名全国的黄山毛峰的滋味之所以转变为醇甜、香气馥郁，就是由上述化学变化产生的。

红茶因茶多酚氧化聚合量大,故滋味浓厚、刺激性强。红茶味的形成是由于氧化缩合的茶多酚失去了原来的苦涩味,并与氨基酸、咖啡因及可溶性的糖、果胶配合,彼此协调,形成了红茶所特有的鲜爽、醇浓和收敛性的滋味。所以,红茶入口时微苦而后甘甜爽口,一般以醇厚甘甜者质量最佳。

氨基酸是组成茶叶鲜爽味的主要物质。茶叶中的氨基酸种类丰富,各种氨基酸呈味的性质均不相同。如占茶叶氨基酸总量50%的茶氨酸,它的鲜爽味特别高。嫩茶茶氨酸含量高,故滋味鲜爽。春茶、名优茶、高山茶的氨基酸含量高,滋味清鲜爽口;夏茶、粗老茶的氨基酸含量低,故鲜爽味差。制绿茶的原料要求氨基酸含量高,茶多酚含量适当低些,成茶滋味鲜爽醇和;制红茶的原料要求茶多酚含量高些,成茶滋味浓强。

组成茶味的成分还有花青素、糖类、果胶、维生素 C 和无机盐等物质,它们呈苦味、甜味、酸味、咸味。多种呈味物质的配合以及不同含量、不同配比的关系形成了各种茶类特有的风味,如浓醇、鲜醇、醇和、苦涩、青涩、甜醇及浓强鲜等。

## 二、新茶与陈茶的鉴别

在购买茶叶时,消费者往往担心新茶和陈茶难以区分。其实,只要掌握新茶与陈茶的色、香、味的区别,就容易判断了。

色泽:绿茶色泽为青翠嫩绿,还兼有嫩黄绿色。绿茶在贮存过程中,主要受空气中氧气和光的作用,黄绿色会转变为黄褐色,色泽逐渐变得枯灰。红茶会由新茶的乌润变成灰褐色。

滋味:新茶甘醇,味淡,但不涩。陈茶由于茶叶中的酚、酯、氨基酸的不断氧化,部分变成醛或缩合物,所以那种新茶的"鲜"

味就会消失，而变得"滞钝"带有苦涩的味道，同时变得更淡。

香气：由于香气物质的氧化、缩合和缓慢挥发，陈茶没有或极少有清香的气味。

### 三、高山茶与平地茶的鉴别

高山和平地（或丘陵）因气候及土壤环境的不同，所产茶叶的质量也有较大的区别。明代陈襄古诗曰"雾芽吸尽香龙脂"，是说高山茶的香气特别好，所以各地均以"云雾茶"来命名，以显示茶叶品质的好。高山出好茶，这是高山生态环境造成的。人们常以"雾锁千树茶，云开八仙峰，香飘千里外，味在一杯中"来说明高山茶与环境条件之间的关系。高山茶之所以比平地茶好，是因为高山气候条件、土壤因子及植被等综合影响的结果。所谓高山，大致以海拔高度 100 米至 800 米之间为好，一般超过 1000 米也对茶树的生长不利。高山的另一个有利因素是海拔高度增加，病虫害少，茶树就可不施农药或少施农药。

高山茶与平地茶的外形区别：高山茶具有芽叶肥状、杆子粗、叶片厚、节节长、干茶颜色绿、茸毛多等特点。平地茶相反，芽叶瘦弱、叶片薄、杆子细小、节节短，有未老先衰之感。

高山茶与平地茶的内质区别：高山茶香气高，冷香持久，滋味浓，耐冲泡，汤色明亮，不泛红或浅红。高山茶冲泡后叶底容易泛浅白，平地茶则泛乌或嫩绿。

### 四、春茶、夏茶和秋茶的鉴别

我国大部分茶区将当年所产的茶叶分为春茶、夏茶和秋茶三类。从当年春天茶园开采日起到小满前产的茶叶，为春茶；小满到立秋产的茶叶为夏茶；从立秋到茶园封园为止产的茶叶为秋茶。由于茶季不同，采制而成的茶叶，其外形和内质有很明显的差异。

对绿茶而言，由于春季温度适中，雨量充沛，加上茶树经上年秋冬季的休养生息，使得春梢芽叶肥壮，色泽翠绿，叶质柔软，幼嫩芽叶毫毛多。特别是早期春茶往往是一年中绿茶品质最好的。

夏季由于天气炎热，茶树新梢芽叶生长迅速，使得能溶解于茶汤的水浸出物含量相对减少，特别是氨基酸及全氮量的减少，使得茶汤滋味不及春茶鲜爽，香气不如春茶浓烈。同时，带苦涩味的花青素、茶多酚含量比春茶高，不但使紫色茶芽增加、成茶色泽不一，而且滋味较为苦涩。

秋季气候条件介于春夏之间，茶树经春夏两季生长、采摘，新梢内含物质相对减少，叶张大小不一，叶底泛黄，茶叶滋味、香气显得比较平和。

## 五、科学购茶

中医认为人的体质有燥热、虚寒之别，不同的茶类由于加工工艺的不同，形成内含物的组分和含量有所差异，它们的性味就有所不同，从而对人体的保健功效亦有所差别。燥热体质的人，应喝凉性茶；虚寒体质者，应喝温性茶。一般而言，绿茶和轻发酵乌龙茶属于凉性茶；重发酵乌龙茶如大红袍属于中性茶；而红茶、普洱茶属于温性茶。

有抽烟喝酒习惯，容易上火、热气及体形较胖的人（即燥热体质者）应选择喝凉性的茶；肠胃虚寒，平时吃点苦瓜、西瓜就感觉腹胀不舒服的人或体质较虚弱者（即虚寒体质者），应喝中性茶或温性茶；老年人适合饮用红茶及普洱茶。所以，购买茶叶要根据自己的身体状况选择适合自己的茶叶种类。下面为六种茶类的性味及适应人群。

### (一)绿茶的性味及适应人群

绿茶为不发酵茶，其多酚类物质含量较高，氨基酸、维生素等营养丰富，滋味鲜爽清醇带收敛性，香气清鲜高长，汤色碧绿。绿茶味苦，微甘，性寒凉，是清热、消暑降温的凉性饮品。

绿茶具有抗氧化，抗衰老，降血压，降脂减肥，抗突变防癌，抗菌消炎的作用。绿茶性寒凉，若虚寒及血弱者饮之既久，则脾胃恶寒，元气倍损。绿茶不适合胃弱者饮用，患冷症病者，不宜常喝绿茶。

### (二)乌龙茶的性味及适应人群

乌龙茶为半发酵茶，各种内含物含量适中，滋味醇厚爽口，天然花果香浓郁持久，饮后回甘留香，汤色橙黄明亮。乌龙茶的性温不寒，具有明显降低胆固醇和减肥功效，抗动脉粥样硬化效果优于红茶和绿茶；乌龙茶具有良好的消食提神、下气健胃作用。乌龙茶的天然花果香可令人精神振奋，心旷神怡；香气能使血压下降，引起深呼吸现象，以达到心理镇静的效果。

### (三)红茶的性味及适应人群

红茶为全发酵茶，多酚类物质产生较为剧烈的酶性氧化，形成多酚类的氧化产物茶黄素和茶红素等，所以红茶滋味甜醇、浓厚，香气具甜香(蜜糖香)。红茶味甜性温热，可散寒除湿，具暖胃、健胃之功效，可驱寒暖身。

红茶对脾胃虚弱、胃病患者、中老年人群较为适宜。红茶还具有养肝护肝的作用,红茶糖水可治疗肝炎。多酚类的氧化产物具有明显的抗凝和促纤溶作用,可防止血栓的形成。红茶还是良好的防贫血饮品。

### (四)黑茶的性味及适应人群

黑茶大多经过长时间的渥堆,多酚类物质在湿热条件下和渥堆中产生微生物的作用下产生复杂氧化作用,形成黑茶滋味浓厚、醇和、耐泡,具特殊的陈香,茶性温和。黑茶主要保健作用是消食下气去胃胀,醒脾健胃,解油腻。黑茶降血脂、降胆固醇、减肥功效明显,适合于老人、"三高"人群和肥胖人群饮用。

### (五)白茶的性味及适应人群

白茶的鲜叶原料多采用早春嫩芽,加工过程只经过萎凋和干燥工序,茶叶吸收的热量少,茶味清淡,其性味寒凉,是民间常用的降火凉药,具有消暑生津、退热降火、解毒的功效。白茶与其他茶类比较,在保护心血管系统、抗辐射、抑菌抗病毒、抑制癌细胞活性等方面的保健效果更具特色。尤其适合于咽喉疾病患者和养颜人群饮用。

### (六)茉莉花茶的性味及适应人群

茉莉花茶为再加工茶,茶叶吸收花香,茶香花香相得益彰,香气浓郁鲜灵持久。花茶属中性茶,具有疏肝解郁、理气调经、刺激神经、提高胃肠机能、助消化等效用,同时对前列腺炎和前列腺肥大患者具有良好的治疗效果。茉莉花芳香入胃,善于理气解郁,和中辟秽,是治疗胃脘胀痛的常用品。香花的芳香油具有镇定、调理神经系统的功效,可提高工作效率。茉莉花茶的香味能提振情绪，安抚神经，温暖情绪，可使人产生积极的感受和自信，女性饮花茶有利于调节生理代谢。

# 第二节　科学饮茶

科学饮茶应该注意采用准确的泡茶用水、茶具和泡茶方法，将茶叶中的营养物质充分释放出来，这样既可品赏到茶的色、香、味，又能充分吸收茶的健康营养。

## 一、茶之水

茶叶中对人体有益物质溶出的含成分量，茶汤的滋味、香气、色泽都必须通过用水冲泡后获得，因此"水为茶之母"。明代许次纾在《茶疏》中说："精茗蕴香，借水而发，无水不可与论茶也。"明代张大复在《梅花草堂笔谈》中说："茶性必发于水，八分之茶，遇十分之水，茶亦十分矣；八分之水，试十分之茶，茶只八分耳。"可见，水质能直接影响到茶质，如果泡茶水质不好，就不能很好地反映出茶叶的色、香、味，尤其是对滋味的影响更大。

根据水中所含钙、镁离子的多少，可将天然水分为硬水和软水两种，即把溶有比较多量的钙、镁离子的水叫做硬水，把只溶有少量或不溶有钙、镁离子的水叫做软水。饮茶用水，以软水为好。软水泡茶，茶汤明亮，香味鲜爽；硬水泡茶则相反，会使茶汤发暗，滋味发涩。如果水质含有较大的碱性或是含有铁质的水，就能促使茶叶中多酚类化合物的氧化缩合，导致茶汤变黑，滋味苦涩，从而失去饮用价值。

因此，一般泡茶用水要求清洁、无异臭和异味，水的硬度不超过 8.5 度,色度不超过 15 度,pH 值为 6.5 左右,不含有肉眼所能看到的悬浮微粒,不含有腐败的有机物和有害的微生物,浑浊度不超过 5 度,其他矿物质元素含量均要符合我国《生活饮用水卫生标准 GB5749－2006》的要求。

山泉水是位于无污染山区的天然泉水,处于流动状态,经过地下深层砂石的自然过滤,有机物含量低,含有一定的微量元素,味道甘美,水质稳定度高,冲泡茶叶能使茶保持其真香、原味,喝起来可口,使茶叶中的活性成分能保持不变,最适合作为泡茶用水。井水属于地下水,与山泉水一样受到地层环境影响,一般深井较少受地面污染影响,其水质比浅井的好,应取附近地区未曾发生过污染事件的井水泡茶为宜。人工制造的纯水,水质绝对纯正,对茶汤的品质无增减作用。矿泉水是采自地下深层流经岩石并经过一定处理的饮用水,含有一定的矿物质和微量元素。自来水是生活中最常见水,由于自来水含氯,不适合直接取用泡茶。因此,在使用自来水泡茶之前,需经过除氯和过滤。可以直接将自来水煮沸 5 分钟即可除氯;或者将自来水存在无盖的容器中静置一天,氯气会自然散去;还可用滤水器过滤自来水,以保证泡茶用水的纯净。总之,常用泡茶水质优劣的顺序依次为:泉水、井水、纯净水、矿泉水、自来水。

## 二、茶之具

"器为茶之父",不同的茶叶要通过不同的茶具来体现其茶汤品质的好坏,同时充分反映出茶汤的滋味、香气和色泽,因此,选对茶具对于保证茶的品质十分重要。泡茶的器皿品种繁多,不胜枚举。下面将介绍能较好体现茶叶品质的家庭常用茶具。

1. 瓷器皿

我国为千年瓷都,生产的瓷器价廉物美,其表面光洁,不与任何物质起化学反应,耐酸、耐碱、耐高温,同时也能看出茶汤的色泽,是最理想的泡茶器皿。瓷杯尤其是瓷盖碗适合冲泡各种茶类,如绿茶、红茶、乌龙茶、白茶、黄茶和黑茶。

2. 玻璃器皿

玻璃器皿和瓷器一样,也不与任何物质起化学反应,同时也能看出茶汤色泽,但要选用耐温的玻璃杯才行。适合冲泡绿茶、红茶、白茶和黄茶。

3. 陶器皿

古人认为宜兴陶器最优,其中以紫砂壶为最高贵,能耐温和保持茶香。适合冲泡红茶、乌龙茶和黑茶。

4. 不锈钢保温杯、有机玻璃或塑料杯

这类器皿用作茶具会影响茶的色、香、味。但是携带方便,一般建议携带去掉茶叶的茶水。

## 三、泡茶之方法

### (一)准确的茶水比

冲泡过程中,茶量和用水量的多少,对水浸出物的含量和茶汤滋味的浓淡都很有关系。在用茶量相同、冲泡时间相同的情况下,若用水量不同,其水浸出物的含量就会不同。水多则水浸出物浓度低,水少则浓度高。即茶多水少,则汤浓;茶少水多,则汤淡。国际上审评红绿茶,一般采用的茶水比例为1∶50。但审评岩茶、铁观音等乌龙茶,因品质要求着重香味并重视耐泡次数,用特制钟形茶瓯审评,其容量为 110ml,投入茶样 5g,茶水比例为 1:22。尤其注意每次冲泡一定要喝多少冲多少,不要留下茶汤一直在茶杯或者茶壶中,会影响茶汤的滋味和颜色。

表 5-1　不同茶类泡茶的茶水比

| 茶　类 | 茶水比 |
| --- | --- |
| 名优茶(绿茶、红茶、黄茶、花茶) | 1:50 |
| 茶多酚含量低的名优茶(安吉白茶、太平猴魁) | 1:33 |
| 大宗茶(绿茶、红茶、黄茶、花茶) | 1:75 |
| 普　洱 | 1:30~50 |
| 白　茶 | 1:20~25 |
| 乌龙茶 | 1:20~30 |

### (二)正确的水温和时间

一般杯泡绿茶、红茶、黄茶、茉莉花茶,冲泡 2~3 分钟饮用最佳,当茶汤为茶杯 1/3 时即可续水。一般白茶、乌龙茶用壶或盖碗泡,首先需要温润泡,然后第一、二、三、四泡依次浸泡茶叶约 1 分钟、1 分 15 秒、1 分 40 秒、2 分 15 秒。一般普洱茶用大壶焖泡法,视温润泡汤色的透明度可进行 1~3 次温润泡;然后冲泡,当茶汤呈葡萄酒色,即可分茶品饮。

表 5-2　不同茶类泡茶的水温

| 茶　类 | 水温(℃) |
| --- | --- |
| 安吉白茶、太平猴魁 | 第一泡 60~65 |
| 一般名优茶 | 80~85 |
| 黄　茶 | 85~90 |
| 花茶、红茶 | 95 |

续表

| 茶　类 | 水温（℃） |
|---|---|
| 普洱茶 | 沸　水 |
| 轻发酵乌龙茶 | 85～90 |
| 重发酵重焙火乌龙茶 | 90～95 |

**（三）几种常见茶的冲泡和品饮方法**

这里介绍的茶叶冲泡方法适用于家庭和办公室，是最为方便和简易的方法，与茶叶审评方法以及茶艺表演不同。

1. 名优绿茶的冲泡

我国是一个绿茶生产和消费国，名优绿茶品种繁多，其采摘标准和加工工艺均不同。所以，冲泡名优绿茶的水温应根据所冲泡茶叶的嫩度与肥壮程度、饮茶时周围的气温、投茶的方式和品饮者的爱好习惯而有所不同。茶叶嫩度好，冲泡水温应低；茶叶成熟度增加，水温相应提高。一般来说，用单芽和一芽一叶初展制成的细嫩芽叶，冲泡的水温宜控制在 75℃～85℃ 之间，如特级碧螺春、特级南京雨花茶等；一芽一二叶初展的茶叶，水温宜在 85℃～95℃；一芽二叶的茶叶，水温在 95℃～100℃ 较好。同样嫩度的茶叶，肥壮的比细秀的泡茶水温稍高 2℃～3℃。而日本的高级玉露茶，因其采用细嫩原料蒸汽杀青，长时磨炒加工，细胞破碎率高，所含氨基酸高，为品出其特有的鲜味，宜采用 50℃ 左右的开水冲泡；中级煎茶用 60℃～80℃ 冲泡；一般香茶则用 100℃ 开水冲泡。

饮茶时，环境温度低于正常室温（25℃）5℃～6℃，冲泡水温应相应地比常温提高 5℃ 左右。同样嫩度的茶叶上投法可比下投法水温略高一些。泡茶水温的掌握是茶水良好色泽的形成和内质香气充分发挥的关键,也是泡茶者必须掌握的基本常识。同一只茶,采用不同的水温进行冲泡,其品质在一定的范围内会发生变化,风格略有不同。根据这一特点,泡茶者可根据品饮者的爱好调整泡茶用水的水温。

下面介绍四只代表性名优绿茶的冲泡水温与时间:开化龙顶冲泡条件为80℃~90℃,1~2分钟;西湖龙井和羊岩勾青为80℃~90℃,1~2分钟;而南京雨花茶为80℃,2分钟。同时,不同造型的茶,由于其嫩度、形状和观赏性的不同,茶具的选择也有不同。名优绿茶外形漂亮,一般采用玻璃杯即可。黄茶、白茶的冲泡方法可以参考绿茶冲泡方法。

2.红茶的冲泡

冲泡工夫红茶时一般选用紫砂、白瓷和白底红花瓷茶具。茶和水的比例在1:50左右,泡茶的水温在90℃~95℃。冲泡工夫红茶一般采用壶泡法,首先将茶叶按比例放入茶壶中,加水冲泡,冲水后须马上加盖,以保持红茶品质的芬香。冲泡时间在2~3分钟,然后按循环倒茶法将茶汤注入茶杯中,并使茶汤浓度均匀一致。品饮时要细品慢饮,好的工夫红茶一般可以冲泡2~3次。泡茶时,如果时间太短,茶汤会淡而无味,香气不足;如果时间太长,茶汤太浓,茶色过深,茶香也会因飘逸而变得淡薄。茶汤的滋味会随着冲泡时间延长而逐渐增浓,在不同时间段,茶汤的滋味、香气也会不同。

实验表明,用沸水泡工夫茶时,首先浸出物是维生素、氨基酸、咖啡因。大约到3分钟后,茶汤滋味有鲜爽醇和之感,但缺少刺激味,随着茶叶浸泡时间的延长,茶叶中的茶多酚类物质陆续被浸泡出来;大约浸泡到5分钟后,茶汤鲜爽味减弱,苦涩味相对增加。所以,冲泡红茶头泡茶以冲泡 2～3 分钟饮用为好。从第二泡起,每一泡增加 15 秒左右,这样可使茶汤浓度大致相同。目前我国红茶的采摘原料越来越小和嫩,所以对于高档工夫红茶可以采用玻璃杯泡茶。壶泡法也适合冲泡高档工夫红茶。

红碎茶的冲泡和工夫红茶的不同,因为红碎茶滋味特点为浓、强、鲜,所以 3g 茶样冲泡 150ml 沸水,冲泡 5 分钟后可以加奶与不加奶饮用。加奶为汤量的 1/10 左右。

3. 乌龙茶的冲泡

乌龙茶采用高温冲泡,一般选择紫砂壶或瓷质盖碗,也可采用小型瓷质茶壶。一是因为乌龙茶叶子大,用玻璃杯不美观;二是紫砂壶或瓷质盖碗保温性优于玻璃杯,所以乌龙茶冲泡不建议用玻璃杯。乌龙茶冲泡首先要洗茶,时间约 3～5 秒,其目的是在于清洗叶子表面的附着物和尘土;另外重要的一点是使茶叶和器具预热,使第二次加水后茶香和滋味物质能尽快溶出。乌龙茶因加工时有"炖(吃)火"这一工序,头泡常感火候饱足,到二三遍才开始露香,故乌龙茶要冲泡几遍才能辨别香气高低与持久性。

泡乌龙茶时茶与水的比例控制在 1∶20～30,第一次冲泡时间为 1 分钟左右,以后每增加一泡增加 15 秒左右。茶汤需要从壶或者盖碗中过滤到公道杯,然后小口品饮。根据用茶的量,每壶可冲泡次数不同,一般来说,高档冲泡 6～7 次、中级冲泡 4～5 次、低档冲泡 2～3 次。

如果在炎热的夏天,冰乌龙茶是一种很好的清凉消暑饮料,而且口感特别的好,甘爽中带有丝丝花香。选用轻发酵的乌龙茶，按 1∶60 左右的茶水比，选用大小合适的瓷质容器，用热水（85℃～100℃）冲泡 3～5 分钟，过滤。可冲泡两次，将第一次冲泡的茶汤与第二次的合并，盛于容器中放置冰箱中，饮用时取出。

4.黑茶的冲泡

黑茶从外形上区分有紧压茶和散茶，对于紧压茶首先要醒茶。短期内要喝的茶放入紫砂罐或牛皮纸袋中醒茶三个月至半年，最好定期将茶倒出翻一次，装茶量不超过容器的 2/3。醒茶时要注意避光和异味、保持必要的环境温度，湿度则应比传统仓储湿度（60％～80％）低。对于散茶可以直接取用，无需醒茶。投茶量可根据自己的口感进行调整，一般生茶 7g 左右，时间短的生饼 5g 左右，年份较长的生茶 9g 左右。熟茶一般 6g～10g。壶容量为 150ml～250ml。

具体泡茶方法如下：开水淋壶后在壶温未退时投茶，加盖轻轻摇动使茶吸入热气，一可提香，二可使洗茶醒茶时效果更佳。这时掀盖闻茶香，同时也可以辨别茶的优、伪或劣。接着是洗茶，用沸水悬壶急冲至水溢出壶面，撇去悬浮表面杂质略微晃动即可出水，至壶内无水。茶汤需要从壶或者盖碗中过滤到公道杯，然后小口品饮。根据茶的用量和原料，每壶冲泡次数不同。普洱茶冲泡器具可以为土陶瓷壶、紫砂壶和盖碗杯。另外，黑茶也可采取煮渍法泡茶，如茯砖、青砖、花砖、米砖、康砖、金尖等，如果条件不容许，上述茶叶均可以采用沸水冲泡法。冲泡法多用于湘尖、六堡茶、紧茶、饼茶、沱茶等。

四、科学饮茶

(一)合理的饮茶量

茶水过浓,会影响人体对食物中铁和蛋白质等营养的吸收,因此应控制饮茶数量。根据人体对茶叶中药效成分和营养成分的合理需求,以及考虑到人体对水分的需求,成年人每天饮茶的量以每天泡饮干茶 5g~15g 为宜,以 8~10 杯为宜。喝茶并不是"多多益善",而须适量,尤其是过度饮浓茶,茶中的生物碱将使中枢神经过于兴奋,心跳加快,增加心、肾负担,晚上还会影响睡眠。而且,高浓度的咖啡因和多酚类等物质对肠胃产生刺激,会抑制胃液分泌,影响消化功能。

合理的饮茶量只限于普通人群每天用茶总量的建议,具体还须考虑人的年龄、饮茶习惯、所处生活环境、气候状况和本人健康状况等。如运动量大、营养消耗多、进食量大或是以肉类为主食的人群,可增加每天饮茶量。对长期生活在缺少蔬菜、瓜果的海岛、高山、边疆等地区的人,饮茶数量也可多一些,可以弥补维生素等摄入的不足。而对那些身体虚弱或患有神经衰弱、缺铁性贫血、心动过速等疾病的人,一般应饮淡茶、少饮甚至不饮茶。

(二)适宜的饮茶温度

一般情况下饮茶提倡热饮或温饮,避免烫饮和冷饮。喝70℃以上过热的茶水不但会烫伤口腔、咽喉及食道黏膜,而且长期的高温刺激还是导致口腔和食道肿瘤的一个诱因。所以,茶水温度过高是极其有害的。建议人们饮用 50℃~60℃的茶水。

名优绿茶茶叶嫩度好,冲泡水温可控制在 75℃～85℃之间,所以冲泡好即可饮用。但是对于乌龙茶、黑茶等高温冲泡的茶汤也要注意稍凉后饮用,不可急饮。

现在比较受欢迎的乌龙茶冷饮法和冷泡绿茶,应视具体情况而定。对于老年人及脾胃虚寒者,应当忌饮冷茶。因为绿茶和乌龙茶本身性偏寒,加上冷饮,其寒性得以加强,这对脾胃虚寒者会产生聚痰、伤脾胃等不良影响,对口腔、咽喉、肠道消化等也会有副作用。总之,温饮茶汤是科学的饮茶方法。

### (三)饮茶的时间及茶类

一些嗜茶和善饮茶者,一日不同的时间安排饮用不同的茶叶。清晨喝一杯淡淡的高级绿茶,醒脑清心。上午喝一杯茉莉花茶,芬芳怡人,可提高工作效率。午后喝一杯红茶,或者牛奶红茶,或喝一杯高档绿茶,外加一些点心和果品,可解困提神,补充营养。晚上,与朋友或家人团聚在一起,泡上一壶乌龙茶,清香味醇,且耐冲泡,边谈心边喝茶,别有一番生活情趣。

茶叶的功效与季节变化有密切关系,不同季节饮不同品种的茶,对人体更有益。故科学的饮茶之道是四季有别。春天,雪化冰消,风和日暖,万物复苏。此时,以饮香馥浓郁的茉莉花茶为好,用以散发冬天积聚在体内的寒邪,促使人体阳气生发,使"精"、"气"、"神"为之一振。夏天,气候炎热,盛暑逼人,人体津液大量耗损。此时,以饮用性味苦寒的绿茶为宜,清汤绿叶,给人以清凉之感,用以消暑解热。而且绿茶内茶多酚、咖啡因、氨基酸等含量较多,有刺激口腔粘膜,促进消化腺分泌的作用,利于生津。秋季,天气凉爽,风霜高洁,气候干燥,余热未消,人体津液未完全恢复平衡。此时,以饮用乌龙茶一类的青茶为好,此茶性味介于红、绿茶之间,不寒不热,既能消除余热,又能恢复津液。在秋季,也可红、绿茶混饮,取其两种功效;也可绿茶和花茶混饮,以取绿茶清热解暑之功、花茶化痰开窍之效。冬季,北风凛冽,寒气袭人,人体阳气易损,以选用味甘性温的红茶为好。红茶红叶红汤,给人以温暖的感觉,以温育人体的阳气,尤其适用于妇女。红茶可加奶或糖,故有生热暖胃之功,同时红茶有助消化去油腻之功,于冬季进补肥腻时有利。

### (四)饮茶注意事项

对一般人群忌饮浓茶。浓茶中含有大量的咖啡因、茶碱等,刺激性很强,饮浓茶可导致失眠、头痛、耳鸣、眼花,有的人还会产生茶醉(其表现为心慌、出汗等)呕吐感。另外,孕妇、晚上失眠的人、胃溃疡患者、动脉硬化患者和高血压的人均不宜饮浓茶。

对特殊人群的饮茶更应该注意科学方法。如贫血患者特别是患缺铁性贫血的病人、神经衰弱者、甲状腺功能亢进者、结核病患者宜饮淡茶;胃及十二指肠溃疡患者宜饮红茶和黑茶;习惯性便秘患者宜饮黑茶。

忌饮冲泡时间太久的茶。茶叶中的茶多酚、类脂、芳香物质等会自动氧化,若冲泡时间太久,不仅会使茶汤色暗、味差、香低,失去品尝价值;而且由于茶叶中的维生素 C、维生素 P、氨基酸等因氧化而减少,使茶汤营养价值大大降低;同时,由于茶汤搁置时间太久,受到周围环境的污染,茶汤中的微生物(细菌和真菌)数量较多,味道苦涩,且细菌滋生,不卫生。

忌吃肉时喝茶。一般认为茶能解腻,但茶叶中的大量鞣酸与肉中的蛋白质结合形成鞣酸蛋白质,使肠蠕动减慢,既容易形成便秘,又增加了有毒和致癌物质被人体吸收的可能性。

忌饭前大量饮茶。饭前饮茶会冲淡唾液,使饮食无味,还能暂时使消化器官吸收蛋白质的功能下降,影响蛋白质的吸收。

忌饭后立即喝茶。食物在进入胃中后,要经过各种酶和胃酸的作用,才能转化为人体可以吸收的营养物质,而胃酸中又含有浓度为 0.5% 的盐酸。因此,饭后如果立即喝茶,茶中含有的多酚能与食物中的蛋白质和铁质发生络合作用,影响人体对蛋白质和铁质的消化吸收。由于茶水会冲淡胃液,从而延长食物油的消化时间,增加了胃的负担。长此下去,会使胃受到损害,影响身体健康。一般来说,在饭后 1 小时内不宜喝浓茶。

癌症患者、高血压及心脏病患者可用脱咖啡因的茶多酚和茶黄素等保健品代替。吸烟者、采矿工人、核物理工作者、同位素接触人群、辐射较强环境中工作的人群均宜多饮绿茶或者吃茶多酚片。脑力劳动者、高原工作者和飞行员等宜多饮红茶或者吃茶黄素片。失眠者可喝第二泡以后的茶汤。

## 参考文献

[1] 屠幼英、何普明、吴媛媛、陈喧等:《茶与健康》,世界图书出版西安公司,2011 年。

# 第六章　茶与健康

　　随着科学技术的发展，"茶为万病之药"的千年之谜日渐明朗。茶叶中诸如茶氨酸、咖啡因和茶多酚等营养物质在一定程度上可以保护细胞 DNA 免受自由基损伤、修复受损伤的细胞膜、清除自由基等，所以，在根本上可以保护人体健康，调节生理作用，起到预防动脉粥样硬化、帕金森症、糖尿病和肿瘤的作用；同时还具有降血压、血脂和血糖等功效。但是，茶不是"药"，而是一种对人体有益的功能性食品，科学饮茶和服用茶叶的功能性食品可以提高人体对疾病的免疫力，提高健康水平。

　　至今研究表明，茶叶主要包括以下十大功效。

## 一、茶的抗突变和抗肿瘤作用

　　正常细胞转变为肿瘤细胞是一个人的基因因素与物理致癌、化学致癌和生物致癌三种外部因子之间相互作用的结果。现在比较公认的化学致癌过程是启动、促进和进展三阶段假说。启动期即正常细胞由于致癌物或紫外线的作用或生物因素的诱导而导致靶细胞的 DNA 损伤，形成启动细胞。大部分终致癌物经过代谢排出体外，少部分未代谢的终致癌物作用于原癌基因的 DNA 或抑癌基因的 DNA，使癌基因得到表达。茶多酚类物质对肿瘤发展的三个阶段均有一定的作用，并且通过对自由基的清除从病源上控制细胞发生突变。其机理详见下一章。

流行病学研究结果显示,绿茶能防止实性肿瘤(乳腺癌、肺癌和胃肠癌等)的发生,尤其对非抽烟和饮酒人群效果更好;绿茶中的化学物质能减慢前列腺癌的发展速度;防止黑色素瘤皮肤肿瘤的形成,预防皮肤癌。绿茶能够提高患卵巢癌妇女的生存率,并且有可能减少 60% 患子宫癌的机会;绿茶提取物可以阻碍结肠癌细胞激活和生长途径,最终抑制肿瘤细胞的生长;绿茶提取物对化学致癌物影响的肾脏上皮细胞的细胞间隙连接信号通路有保护作用,从而抑制肾癌的发生发展。应用绿茶提取物治疗肺癌患者,其病情恶化明显受阻。饮用绿茶还能预防淋巴癌。

1945 年 8 月,广岛原子弹轰炸使 10 多万人丧生,同时数十万人遭受辐射伤害。几十年后,大多数人患上白血病或其他各种癌症和肿瘤,先后死亡。但研究发现有三种人侥幸无恙:茶农、茶商、茶癖者。这一现象被称为"广岛现象",说明饮茶可以清除放射性物质引发的自由基和预防 DNA 的损伤。

上海市采用全人群病例对照研究,运用非条件 Logistic 回归模型,分析饮茶与胆道癌、胆石症的关系。结果显示,与不饮茶者比较,女性胆囊癌、肝外胆管癌和胆石症组中现仍饮茶者的 OR(病例组中饮茶患者是非饮茶患者的倍数)分别为 0.57 (95%CI:0.34～0.96)、0.53(95%CI:0.27～1.03)和 0.71 (95%CI:0.51～0.99)。肝外胆管癌 OR 值随饮茶年龄的提前及饮茶年限的增加而降低,趋势检验达到显著性水平。男性胆囊癌、肝外胆管癌和胆石症组 OR 也均小于 1,但尚无统计学意义。

　　以 2005 年 1 月至 2006 年 10 月在浙江大学医学院附属第二医院和第一医院住院的白血病患者 107 例为病例组,根据性别、年龄配对,以浙二医院同期非肿瘤疾病的住院患者 110 例为对照组。研究发现,随饮茶量和饮茶年数增加,白血病危险度逐渐降低。与不饮茶者相比,每年消费茶叶量≤500g、500g～1000g、＞1000g 三组病例组的风险系数分别为 1.90、0.23、0.42;饮绿茶时间≤10 年、10～20 年、＞20 年三组病例组的风险系数分别为 0.71、0.71、0.23,趋势检验有显著统计学意义(p＜0.01)。以不饮茶者为参比组,按饮茶次数分为每周至多饮 1 次、每周饮茶 2～6 次和至少 1 天饮 1 次三组,各组 OR 值分别为 4.60、0.48、0.46,趋势检验 p＜0.01。即饮茶频率越高,患白血病的危险性越低。

　　在上海进行的饮茶与肺癌的流行病学研究中发现,14 名非吸烟妇女饮茶每年达到 1500g,其肺癌发病风险因子仅为非饮茶人群的 48％。得病危险性大大下降。

　　口服或皮肤局部外涂红茶提取物均可抑制化学剂诱导的皮肤癌。局部涂 7 ,12-二甲基苯并蒽(DMBA)可诱发小鼠皮肤乳突状瘤,饮红茶或去咖啡因红茶可使乳突状瘤、角化棘皮瘤和鳞状细胞癌的溴脱氧鸟苷标定物分别减少 56％、45％和 35％。这证实荷瘤小鼠口服红茶能抑制其良性和恶性皮肤肿瘤的增殖,促进其凋亡。用红茶多酚(BTP)涂抹小鼠皮肤局部,再用 DMBA 诱导肿瘤的生成,结果在癌生成的两个阶段中,BTP 作为抗肿瘤启动剂和抗肿瘤促进剂都发挥了明显的抑制作用。既然肿瘤的启动包含遗传途径,肿瘤的促进包括非遗传途径,那么 BTP 发挥其抗肿瘤效应很可能是通过改变遗传和非遗传两种途径实现的。

总之,长期饮用一定数量的茶叶对人体不同肿瘤均能起到不同程度的抑制作用。饮茶可以预防和抵抗癌症。

## 二、茶的减肥和降脂作用

肥胖症的发生受到多种因素的影响,其中主要因素有饮食、遗传、神经内分泌、社会环境、劳作、运动以及精神状态等。一般来说,肥胖是遗传与环境因素共同作用的结果。肥胖可以引起代谢和内分泌紊乱、高血压、高血脂、高血糖症、冠心病等重大疾病。

作为传统的食品和饮料,茶叶有较好的减肥效果。我国古代就有关于茶叶减肥功效的记载,如"去腻减肥,轻身换骨"、"解浓油"、"久食令人瘦"等。

近年来的流行病学、临床研究和动物实验等同样证实了茶叶的减肥作用,并探讨了其作用机理。首先,饮茶可以明显降低实验性高脂血症动物的血清总胆固醇(TC)、甘油三酯(TG)和低密度脂蛋白胆固醇(LDL-C)。其次,氧化损伤是导致许多慢性病,如心血管病、癌症和衰老的重要原因。多酚类化合物的抗氧化功能可以对这些慢性病起到预防作用。同时,显著升高高密度脂蛋白胆固醇(HDL-C)含量,有恢复和保护血管内皮功能的作用。再次,肥胖是由于脂肪细胞中的脂肪合成代谢大于分解代谢所引起的,饮茶可以通过减少血液中葡萄糖、脂肪酸和胆固醇的浓度,抑制脂肪细胞中脂肪的合成以及促进体内脂肪的分解代谢达到减肥的效果。

流行病学研究发现,每人每天服用 588mg 儿茶素,12 个星期后体重可以明显下降;每天服用 134mg 儿茶素加上 25mg 咖啡因,12 个星期后体重可减轻;但是如果无咖啡因,仅每天服用 134mg 儿茶素,不会有显著的减重效果。

让 303 名实验组人群,每天饮茶 10 杯,发现其甘油三酯下降,但是胆固醇下降不明显。

Nagao 等对 240 名具有内脏脂肪型肥胖男女病患(123 名绿茶干预组、117 名对照组)进行 12 周绿茶干预实验发现,绿茶干预组患者的体重、体质指数、体脂比、体脂量、腰围、臀围、内脏脂肪和皮下脂肪含量,与对照组患者相比均显著降低。可见,绿茶对肥胖和心血管疾病具有显著疗效。

采用高脂饲料饲喂法建立高脂血症大鼠模型,通过普洱生茶、熟茶、乌龙茶、药物对照组分别灌胃。实验 35 天后,药物、乌龙茶和普洱茶对照组均能明显降低模型大鼠血液 TG、TC、LDL-C 和 MDA 含量,提高 HDL-C、AST 和 GSH-PX 的含量($p<0.05$、$p<0.01$)。其中,普洱茶对照组显著优于药物和乌龙茶对照组。日本朝日啤酒公司为了抑制减肥反弹,利用小鼠对具有抑制脂肪吸收效果的普洱茶、茉莉花茶、乌龙茶和混合茶进行研究。结果发现,喂食普洱茶粉末的小鼠体重下降非常显著,显示出惊奇效果。

所以,要控制和调节体重,达到降脂减肥的目的,科学饮茶是目前最为安全和方便的途径。

## 三、茶的降血压作用

有关茶的降血压作用在我国的传统医学中早有报道。浙江医科大学在 20 世纪 70 年代曾对近 1000 名 30 岁以上的男子进行高血压和饮茶的关系的调查。喝茶人群平均高血压的发病率为 6.2%，而不饮茶人群平均为 10.5%。安徽医学研究所用松萝茶进行人体降压临床试验，结果表明，普通高血压患者每天坚持饮用 10g 松萝茶茶汤，半年后患者的血压可以降低 20%～30%。55 例高血压高黏血病人口服用茶色素，结果发现患者全血比高切黏度、血浆比黏度和细胞积压得到极显著的改善，而且，临床症状也得到不同程度的改善。茶色素联合卡托普利治疗高血压，其有效率为 81%，对照组为 60%；治疗组中 26 例肾功能损害、血尿素氮异常者治疗后，血尿素氮明显下降，对照组血压回升 78%，治疗组仅为 15%。茶叶的功能成分茶氨酸也有降压作用，其降压机理为通过末梢神经或血管系统达到降血压作用。血管紧张素转化酶（ACE）催化血管紧张素 I 生成血管紧张素 II，使小动脉血管平滑肌收缩，引起血压迅速上升。抑制 ACE 的活性，可以有效阻止血管紧张素 II 的生成，从而达到降压作用。屠幼英等人研究发现，50% 纯度的茶黄素可以降低高血脂大鼠 ACE 酶活性达到 33%，动脉粥样硬化指数从 0.51 降为 0.28，从而起到降压和预防动脉粥样硬化的功效。

### 四、茶对糖尿病的作用

目前全球糖尿病患者已超过 1.2 亿人，我国患者人数居世界第二。据世界卫生组织预计，到 2025 年，全球成人糖尿病患者人数将增至 3 亿，而中国糖尿病患者人数将达到 4000 万未来 50 年内糖尿病仍将是中国一个严重的公共卫生问题。

糖尿病是由于胰岛 β 细胞不能正常分泌胰岛素因而引起人体胰岛素相对或绝对不足，靶细胞对胰岛素敏感性的降低，造成糖、蛋白、脂肪、水和电解质代谢紊乱,使肝糖原和肌糖原不能合成,临床表现为血糖升高、尿糖阳性及糖耐量降低,典型症状为多饮、多尿、多食和体重减少。糖尿病可分为 1 型和 2 型两大类,这两种都会引起严重的并发症,从而影响健康,危及生命。

我国和日本民间都有泡饮粗老茶叶治疗糖尿病的历史。茶叶越粗老治疗糖尿病的效果越好,有效率可达 70%。粗老茶叶治疗糖尿病和茶叶多糖含量有密切关系。茶叶多糖的含量与茶类及原料老嫩度有关。乌龙茶的原料比红、绿茶粗老,其茶多糖含量高于红、绿茶,达 2.63% 左右,约为六级红茶的 3.1 倍及六级绿茶的 1.67 倍。一般来说,在红茶、乌龙茶和绿茶三类茶叶中的总糖量之比为 1:3:2,并且低档茶的含量远高于高档茶,茶叶多糖的含量均随原料粗老度的增加而递增。所以,粗老茶治疗糖尿病效果比幼嫩茶好。

江苏省民间有用 30 年左右的茶树叶片制成的茶叶与适量中药混配成的"薄玉茶",对不同程度的糖尿病患者都有减轻病情的作用。根据日本学者的资料报告,饮用日本 30 年左右树龄的茶叶和 100 年以上树龄的茶叶,分别对轻、中度慢性糖尿病患者的症状有明显减轻甚至完全根治的疗效;对重度患者亦可降低尿糖,明显减轻各种主要症状。

现代药理研究证明,茶多糖降血糖作用主要通过四条途径实现:首先,茶多糖进入人体和小鼠后,对糖代谢的影响与胰岛素类似,能促进糖的合成代谢来降低血糖;其次,通过提高机体抗氧化功能,清除体内过量自由基,减弱自由基对胰岛 β 细胞的损伤,并改善受损伤的胰岛 β 细胞功能,使胰岛素分泌增加,诱导葡萄糖激酶的生成,促进糖分解,使血糖下降;其三,通过抑制肠道蔗糖酶和麦芽糖酶的活性,使进入机体内的碳水化合物减少;最后,由于多糖特有的黏附作用,使肠道内碳水化合物缓慢释放,起到降血糖作用。水溶性组中的复合多糖,可使人体内血糖明显下降,无任何副作用,达到防治糖尿病作用,其中硫酸酯化茶多糖的降血糖效果更为明显。

除茶多糖外,茶色素也具有相似的效果和作用机理。茶色素可以通过降低全血粘度和血小板黏附率来有效降低血糖,缓解微循环障碍;通过降低血糖、尿糖和糖化血红蛋白来减少胰岛素的抵抗;通过抗炎、抗变态反应来改变血液流变性,起抗氧化、清除自由基等作用,使糖尿病患者的主要症状明显改善,降低空腹血糖值、β脂蛋白含量,降低尿蛋白,改善肾功能。用茶色素治疗糖尿病和肾病的临床研究证实,茶色素通过抑制糖尿病患者体内器官产生的内皮素(ET),尤其是肾脏产生的ET,从而使尿液排泄内皮素和血浆内皮素减少,并且能显著降低血浆血小板α颗粒膜蛋白,同时24小时尿白蛋白排泄率也明显减少,且血浆ET减少与24小时UAER呈显著正相关。因此,茶色素对糖尿病有较好的治疗作用,作用机制可能与降低血浆ET水平和抑制血小板活性有关。在日本的一份公开专利中介绍了一种含茶黄素及茶黄素单体的高血糖治疗药,实验证明,这种药物能有效治疗高血糖症。

黑茶也有较好的降血糖效果。由普洱市普洱茶研究院、吉林大学生命科学学院和长春理工大学共同合作研究发现,普洱茶对糖尿病相关生物酶抑制率达90%以上。糖尿病动物模型试验结果表明,随着普洱茶浓度增加,其降血糖效果越发显著,而正常老鼠血糖值却不发生变化。茯砖茶、花砖茶、青砖茶、黑砖茶、六堡茶和普洱茶在减肥、降低高脂血症、调节糖代谢、减轻动脉粥样硬化等方面均具有一定的作用。

## 五、茶的美容作用

研究发现,绿茶、乌龙茶、普洱茶具有防止皮肤老化、清除肌肤不洁物的功能,尤其与某些植物一起使用效果更佳。目前以茶多酚为原料研制而成的日化产品有洗面奶、爽肤水、乳液、面霜、洗澡水、洗发水、牙膏、口香糖、除臭剂等,其中不乏有水芝澳绿茶面霜、伊丽莎白雅顿绿茶润肤霜、植村秀绿茶洁颜油等国际名牌。

### (一)茶的保湿功效

皮肤是机体的表层组织,表面角蛋白起着保护皮肤和防御外部侵害的功能。皮肤保水是皮肤外表健康的重要因素。当皮肤角质层水分降到 10% 以下时,皮肤就会显得干燥、失去弹性、起皱,这也是皮肤衰老的重要原因。茶多酚含有大量的羟基,是一种良好的保湿剂,能保持皮肤表层水分,防止皮肤干裂。随着年龄的增长,皮肤中透明质酸在透明质酸酶作用下会被降解,使皮肤硬化而形成皱纹。茶多酚可以抑制透明质酸酶的活性,起到保湿的功效。

除茶多酚外,茶叶富含的茶多糖也有很强的保湿作用。多糖分子中因含有丰富的羟基、羧基等亲水性水基团,可与水分子形成氢键而结合大量的水分起到保水作用;多糖分子间及与纤维状蛋白质在胞外基质中共同组成含大量水分的胞外胶状基质,为皮肤提供水分;另外,多糖可在皮肤表面形成一层膜状结构,减少表皮水分蒸发。此外,茶叶中所含有的小分子氨基酸也是皮肤良好的持水吸水剂,因其结构中的氨基与羧基都是亲水性基团,可牢牢"锁住水分"而使皮肤保持一定含水量。

还有冷榨茶油,其黏性较高,渗透性强,易于被皮肤吸收,可以快速在皮下形成一层皮脂膜,防止角质层水分流失,提高皮肤保水能力,解决皮肤干燥问题,防止皮肤起皱,加强皮肤屏障功能,抵御外界环境对肌肤的侵害。

### (二)茶对延缓皮肤衰老及护肤的作用

含茶多酚的化妆品具有延缓皮肤衰老和护肤作用,其主要机理包括四个方面。第一,茶多酚具有很好的抗氧化性,是人体自由基的清除剂,能提高 SOD 活性并有利于肌体清除自由基脂质过氧化物丙二醛。丙二醛可以交联胶原蛋白,形成水不溶性大分子,使皮肤出现皱纹、变硬、失去弹性。第二,表皮是人体的第一道防护屏障,其主要组成细胞为角朊细胞,$0.1g/l \sim 1.0g/l$ 的茶多酚可以促进皮肤角朊细胞有丝分裂和生长,减少细胞凋亡发生。第三,茶多酚中的黄烷醇类化合物在波长 $200nm \sim 300nm$ 处有较高的吸收峰,有"紫外线过滤器"的美称,可减少紫外线引起的皮肤黑色素形成,保护皮肤,免受损伤。第四,茶叶中的氨基酸、蛋白质等是皮肤的营养剂;同时,多种维生素、微量元素和芳香油类也可促进皮肤代谢和胶原质的更新。茶多酚作为信号传导途径的氧化还原调节剂还可以抑制皮肤炎症,降低细胞突变。口服或外涂茶多酚能有效地改善小鼠皮肤弹性纤维的病变,EGCG 能恢复因紫外线引起的谷胱甘肽过氧化酶活性下降,有效延缓皮肤光老化。

### (三)茶对收敛皮肤、促进血液循环及改善肤质的功效

多酚与蛋白质以疏水键和氢键方式发生复合反应,在日用化学中因其使人肌肤产生收敛,故通常称其具有收敛性。这一性质使含多酚的化妆品在脂质环境下对皮肤仍有较强的附着能力,并且可使粗大的毛孔收缩,使松弛的皮肤收敛、绷紧而减少皱纹。因此,应用时可选择分子量较小的多酚,也可制成多酚-蛋白、多酚-多糖、多酚-磷脂复合物。

茶多酚还具有维生素 P 的功效,可降低毛细血管的通透性和脆性,从而可促进皮肤微循环,增强血管弹性,降低血液粘滞性,改善血液的流变学性质,促进皮肤的血液循环,使肤色健康。

另外,咖啡因具有舒张血管、促进局部血液循环、改善代谢更新的功用,可用于紧肤、淡化黑眼圈、祛眼袋等系列产品中。

皮肤不良状态包括缺水、粗糙及毛孔粗大、血液循环不良导致的血丝,以及过敏症状。绿茶作为一种多效性植物,对皮肤的各种不良状态都有改善作用。

茶叶中的矿质元素也具有一定的护肤作用,比如其中的锰元素就对人体皮肤有着显著的保护作用:可减少外界对皮肤的不良刺激;防止皮肤干燥;增强人体抗皮肤炎的功能;同时还是防止皮肤瘙痒的关键。

### (四)茶的美白祛斑作用

皮肤色斑及黑变主要由以下几方面的原因引起:皮肤黑色素细胞在 β-紫外线的长期照射下发生色素失调而产生色斑;皮肤内酪氨酸酶及其他一些与黑色素形成相关的酶类因多种生理原因活性增加,进而促进黑色素的合成与积累;角质层过厚等因

素导致黑色素代谢过慢。

多酚类物质能通过多方面多途径抑制黑色素的合成及分布不均。首先,是它对波长 280nm～320nm 紫外线的吸收、对自由基的清除和 DNA 免受自由基损伤作用,从而保护黑色素细胞的正常功能;其次,它可抑制酪氨酸酶活性,从根本上抑制黑色素形成。另外,茶叶中的维生素 E 和维生素 C 等也具有美白祛斑的作用,并且已经被广泛地应用于化妆品。研究表明,绿茶面膜具有较好的祛斑作用,可用来防治色素性皮肤疾病。

临床实验表明,用红茶和绿茶的抽提液按 0.2mg/cm² 预涂于皮肤上,30 分钟后分别用 UVB 和 8-甲氧基补骨脂素处理后再用 UVA 照射,均发现了有剂量依赖关系的保护作用,抑制了急性红斑的产生。同时,在动物模型中发现了茶多酚可防止 UVB 和 UVA 诱导的 c-fos 和 P53 的基因表达。

浙江大学屠幼英等人通过比较表儿茶素没食子酸酯、茶黄素和 Vc 美白剂的美白功效,证明其均能通过改变细胞形态、抑制细胞增殖、抑制酪氨酸酶活性等途径达到美白效果;且茶提取物还可通过减少外源负面影响等途径进行美白,美白效果要明显优于 Vc。

综上所述,茶叶化妆品具有很好的护肤效果,而且具有一定的防晒功能,可防止皮肤衰老和干裂,使皮肤变得光滑、细腻、白嫩、丰满。因此,茶也被称为天然美容抗衰老饮料。

## 六、茶的抑菌和抗过敏效果

茶是人们生活中极为普遍的一种饮品,源于天然,除了具有降血压、降血脂和降血糖,抗氧化、抗肿瘤和抗衰老,防治心脑血管疾病外,还具有杀菌、抗病毒的功效。早在唐、宋年间,就有许多关于茶叶杀菌、止痢的记载,出现了用复方配成的治疗痢疾和霍乱的方剂。近年来,国内外的一些学者对不同茶叶及其有效成分的抑菌效果进行了研究,获得了较好效果,为研制安全高效的抑菌剂和天然食品防腐剂提供了理论基础。

### (一)抑制过敏作用

茶多酚对各种因素引起的皮肤过敏都有抑制作用。第一,茶多酚可抑制化学物质诱导的过敏反应。绿茶、乌龙茶、红茶、ECG、EGC、EGCG 可抑制被动性皮肤过敏(PCA),其 $IC_{50}$ 分别为 149mg/kg、185mg/kg、153mg/kg、162mg/kg、80mg/kg、87mg/kg,其中 EGC、EGCG 的抑制作用比常用的抗过敏药曲尼司特(I19mg/kg)强,表明茶多酚对 I 型过敏有显著的防护作用。第二,茶多酚对接触性皮炎 IV 型过敏反应有很好的抑制作用。EGCG 在 200mg/kg 的剂量下对过敏反应有抑制作用,说明茶多酚可抑制组胺释放的发生。第三,在过敏反应中,cAMP/cGMP 的比值对过敏性介质释放起着重要的调节作用,当 cAMP/cGMP 的比值增高时,可抑制肥大细胞、嗜碱细胞和中性粒细胞的脱颗粒,从而抑制组胺、慢反应物质(SRS-A)的释放。茶多酚可升高 cAMP/cGMP 的比值,起到抗过敏反应的作用。

### (二)抑菌作用

众多研究表明,茶叶中的茶皂素、茶多酚和茶黄素具有抑菌作用。绿原酸虽然也具有较强的抗菌性,但在体内能被蛋白质灭活,而茶皂素和茶多酚在体内仍能保持活性。

1. 茶的抗细菌作用

茶类不同,其抑菌效果也不同,具体表现为不同茶类对不同菌种的抑制强度存在差异。六大茶类对金黄色葡萄球菌、蜡样芽孢杆菌、枯草芽孢杆菌、沙门氏菌、大肠杆菌和白色葡萄球菌等六种常见细菌均有抑制作用,其中绿茶的作用普遍比红茶强,绿茶、黄茶和白茶的效果比红碎茶好,乌龙茶和茯砖茶的抑制效果次之,普洱茶最差。这是因为绿茶含有更高量的茶多酚。

茶多酚具有广谱抗菌性,而且其抑菌作用具有极好的选择性,可抑制有害菌群的生长,维持正常菌群的平衡,如对双歧杆菌等有益菌的增殖有促进作用,而对正常寄主细胞(机体)则无害。茶多酚及其衍生物对人类、动植物致病有关的 12 个类群的近百种细菌均有优异的抗菌活性,其抑菌能力与浓度呈正相关。茶多酚对食品中常见的几种微生物(如金黄色葡萄球菌、枯草芽孢杆菌、沙门氏菌和志贺氏痢疾杆菌等)的测试结果表明,其 MIC 均未超过 1000 mg/kg,对众多肠道致病菌的 MIC 大多为 400mg/kg~500mg/kg。此外,茶多酚对口腔的主要致龋菌-链球菌突变株也有抗菌的效果,同样显示了它的抗菌广谱性和强抑制能力。

茶多酚的抑菌机理是多种因素综合作用的结果。首先,茶多酚与环境中的蛋白质结合,影响微生物对蛋白质的利用。茶多酚分子中的众多酚羟基可与菌体蛋白质分子中的氨基或羧基结合,从而降低菌体细胞酶的活性并影响微生物对营养物质的吸收。茶多酚与菌体蛋白的这种多点结合反应实际上是一种分子识别反应,不同反应物分子的构型不同,使其相互之间具有选择性,这从分子水平上解释了为什么不同结构的茶多酚组分对同一种微生物的抑制作用不同,以及同一种茶多酚组分对不同种类微生物的抑制作用也不同。其次,没食子酰基的存在对其抑菌性也有很大影响。例如,没食子酰化的儿茶素对链球菌和肉毒梭状芽孢杆菌的抑制作用明显强于未酰基化的儿茶素。此外,茶多酚还可与金属离子发生络合反应,导致微生物因某些必需元素的缺乏而代谢受阻,甚至死亡。分子量大的茶多酚组分与蛋白质的结合力强,对微生物的抑制作用大,如分子量较大的 EGCG 和 GCG 等酯型儿茶素对链球菌的抑制作用强于分子量较小的 EGC 和 GC,而分子量过大的茶多酚组分由于其对膜的渗透性减弱,抑菌能力下降。

金恩慧研究了茶黄素(纯度 40%)对大肠杆菌、金黄色葡萄球菌、变形链球菌和远缘链球菌的抑菌作用。结果表明,茶黄素对大肠杆菌、金黄色葡萄球菌有较强的抑菌作用,并与其浓度呈正相关,茶黄素能明显抑制口腔中主要的致龋菌变形链球菌和远缘链球菌的生长及产酸,具有一定的防龋效果。另有研究报道,红茶提取物在 1 小时内可杀灭霍乱弧菌 V569B 和 V86。特别是针对 V569B,几乎在接触红茶提取物后立刻被杀灭。而且,红茶提取物还可以在体外和体内实验中破坏霍乱毒素的作用,在体内实验中红茶抽提物在 CT 处理后 5~30 分钟内均能抑制毒素作用,而在 30 分钟以后则无此效果。

茶皂素对大肠杆菌、金黄色葡萄球菌、枯草芽孢杆菌和酵母菌有较明显的抑制作用,对白色念珠菌有一定的抑制作用,对绿脓杆菌无抑制作用。茶皂素对大肠杆菌 MIC 为 5 mg/ml,最佳抑菌浓度为 20 mg/ml。被抑制的菌中既有革兰氏阳性菌又有革兰氏阴性菌,既有球菌又有杆菌,可见茶皂素有着广谱的抑菌作用。

2. 茶对真菌的抑制作用

中国古书中有以茶为主要成分用于治疗皮肤病的复方记载。如将老茶叶碾细成末用浓茶汁调和,涂抹在患处可治疗带状疱症、牛皮癣;用浓茶水洗脚可治疗脚臭。这是因为皮肤病的主要病原是真菌,而茶叶能抑制这些病原真菌的活性。研究表明,茶叶对头状白癣真菌、斑状水泡白癣真菌、汗泡状白癣真菌和顽癣真菌都有很强的抑制作用。

3. 茶对调节肠道菌群的作用

胃肠道是人体进行物质消化、吸收和排泄的主要部位,肠道菌群对宿主能够提供维生素 B1、B2、B6、B12、泛酸、烟酸及维生素 K。茶叶中的茶多酚对肠道菌群有选择性作用,即抑制有害菌生长和促进有益菌生长。如对双歧杆菌有促进生长和增殖的功效,而对肠杆菌科许多属有害细菌表现抑制作用,如大肠杆菌、伤寒杆菌、甲乙副伤寒杆菌、肠炎杆菌、志贺氏、宋氏痢疾杆菌、金黄弧菌和副溶血弧菌等。茶叶因此可以治疗肠道痢疾。

茶叶对有害菌的抑制效果一般是绿茶、黄茶和白茶的效果大于红碎茶,乌龙茶与红砖茶的抑菌效果次之,普洱茶的抑制效果最差。绿茶有良好的抗菌作用,对大肠杆菌和蜡状芽孢杆菌抑制效果好于青茶。绿茶抑制霍乱弧菌效果优于红茶和普洱茶。喝绿茶能将抗生素抗击超级细菌的效率提高三倍以上,降低包括"超级病菌"在内的各种病菌的耐药性。

屠幼英等人研究发现,在经过微生物发酵的紧压茶中,有机酸的含量明显高于非发酵绿茶。用酵母菌发酵含有大量酚性化合物的葡萄酒和红茶菌中均含有乳酸、乙酸、苹果酸、柠檬酸等10种有机酸,有益于提高人体胃肠道功能。紧压茶的水提物、茶多酚及有机酸能显著提高 α-淀粉酶的活力,可以加速人体胰蛋白酶和胰淀粉酶对蛋白质及淀粉的消化吸收,并且通过肠道有益菌群的调节进而改善人体胃肠道功能。而且,茶多酚与有机酸对激活肠道有益菌有一定的协同效果。

### 七、茶对眼睛的保护作用

我国自古就有用茶治疗目赤头痛、结膜炎、眼屎过多等民间疗法。另外,在中医药领域,还存在用绿茶和其他草药混合治疗眼部炎症的疗法。绿茶多酚有杀菌、消毒的作用,能抑制眼部的炎症,减轻症状。

人体视网膜中有大量不饱和脂肪酸成分,易受到自由基(如含氧或含氮自由基)的攻击,造成脂质过氧化作用,伤害视网膜,造成眼睛功能受损。茶多酚类物质(如 EGCG 物质等)可有效清除活性氧(ROS)和活性氮(RNS)等自由基,抑制 DHA 不饱和脂肪酸脂质过氧化,预防视网膜病变(包括年龄相关性黄斑点退化或是青光眼疾病)。另外,因茶多酚类物质具有清除自由基功能,可降低体内抗氧化酶的消耗,从而间接提高对眼睛组织的抗氧化能力,保护眼睛健康。

同时,采用茶熏方法还可以起到耳顺和明目的作用。耳朵与肾脏相通,肾气能滋养骨髓,骨髓充实,元气就会充实。人老先老肾,随之其他器官和功能也衰老。对耳朵进行茶熏进而养护肾。中医认为,目气与肝相通,肝气能滋养眼球,提高视力功能。另外,经常茶熏并且饮茶可以减少眼疾,降低眼睛晶体的混浊度,对保护眼睛有积极的作用。

## 八、茶对口腔疾病的疗效

牙周炎、牙髓炎、根尖周炎等口腔疾病可引起细菌性心内膜炎、虹膜睫状体炎和胃病等其他疾病。

茶多酚类化合物能结合多种病毒和病原菌使其蛋白质凝固，从而起到杀死病原菌的作用，用茶水漱口能防治口腔和咽部的炎症。茶叶氨基酸及多酚类与口内唾液发生反应能调解味觉和嗅觉，增加唾液分泌，对口干综合征有一定防治作用。茶叶中的叶绿素、茶黄素和茶红素等色素具有明显降低血浆纤维蛋白原作用，能加速口腔溃疡面愈合。

口源性口臭是由于口腔致臭细菌将蛋白质和多肽水解，最后产生硫化氢、甲基硫醇和乙基硫化物等气体混合物（VSC）造成的口腔异味。茶多酚类化合物可杀死齿缝中引起龋齿的病原菌，如口腔普通变形杆菌、耐抗生素的葡萄球菌、变形链球菌、肺炎球菌、表皮葡萄菌、乙型念球菌敏感以及牙周病相关细菌，减少细菌及毒素对口腔黏膜的侵袭，不同程度地抑制和杀伤这些微生物。因此，茶多酚不仅对牙齿有保护作用，而且可去除口臭。

龋齿被世界卫生组织列为人类须重点防治的三大疾病之一。致龋菌变形链球菌所产生的变形链球菌葡糖基转移酶（GTF）能利用蔗糖合成不溶性胞外多糖——葡聚糖，这种物质与细菌在牙面粘附，形成菌斑，导致龋齿的产生。研究结果显示，茶黄素和它的单没食子酸酯、双没食子酸酯在 1mmol/L～10mmol/L 浓度时对 GTF 酶有强抑制作用，抑制强度超过儿茶素单体。另外，α-淀粉酶在龋病的发生发展中也起到重要作用，该酶能使淀粉分解转化成葡萄糖，而这是 GTF 酶转化葡聚糖的重要前提。红茶提取物能够专一地降低淀粉酶活性。茶黄素对 α-淀粉酶活性有着显著的抑制作用,其作用顺序为 TF3＞TF2A＞TF2B＞TF。另外,氟素是目前公认的防龋元素,茶叶含氟量高,所以氟也起到了固齿防龋作用。

## 九、饮茶预防呼吸道疾病

大部分呼吸道疾病的致病原因都与生活和工作环境有关,比如汽车尾气、工业废气和毒气排放,大量建筑废弃物、极端恶劣天气等。尤其是大雾里可能含有大量的各种各样的杂质和化学微粒,大气污染程度大,往往雾的危害性就大。另外,突然降温,呼吸道黏膜的抵抗力下降,细菌和病毒乘虚而入,易患常见的呼吸道感染,诸如流感、急性支气管炎、肺炎等,慢性阻塞性肺病也容易出现急性加重。同样,干燥的环境对呼吸道非常不利,病菌容易随着空气中的灰尘扩散,因为呼吸道黏膜上的纤毛运动减缓,灰尘、细菌等容易附着于黏膜,刺激喉部引发咳嗽,引发疾病。除了呼吸道感染以外,支气管哮喘等过敏性疾病也与空气干燥有关。

研究表明,茶叶对流感病毒、SARS 和抗艾滋病病毒均有一定的预防效果。

香港对 877 人的流行病调查结果显示,饮茶人群中只有9.7％的人出现流感症状,而不饮茶的人群中出现流感症状的比例为 18.3％,两者间有显著差异。

含有儿茶素的漱口水可以预防流感。使用含儿茶素漱口水的群体流感感染几率为 1.3％,远远低于不使用的群体(10％)。茶水的儿茶素能够覆盖在突起的黏膜细胞上,防止流感病毒和黏膜结合,并杀死病毒。绿茶预防流感的效果好于乌龙茶和红茶。

在 2003 年"非典"(SARS)流行期间,美国哈佛大学医学院的杰克·布科夫斯基博士等科学家在实验中发现,每天饮用五杯茶能够极大地提高肌体的抗病能力。从绿茶、乌龙茶等茶叶制品中提取出的 L-茶氨酸,能非常有效地提高免疫细胞的工作能力。

瑞士的研究表明,儿茶素对人体呼吸系统合胞体病毒(RSV)亦有抑制作用,$EC_{50}$ 为 $28\mu mol/L$。我国张国营等报道了红茶和青茶茶汤在 $80mg/ml$ 时可完全抑制引起病毒性腹泻的人轮状病毒。

研究表明,绿茶提取物和儿茶素对 HIV 病毒逆转录酶具有强抑制作用,没食子酸基团的存在可提高茶黄素和儿茶素抑制艾滋病毒的效果。另外,EGCG 能够与 HIV 的受体 CD4 结合,从而降低细胞表面 CD4 的表达,竞争性地抑制了 HIV 与 CD4 的结合,从而保护了部分免疫淋巴细胞免受攻击。

所以,多饮茶或者口含茶叶含片可以在人体呼吸系统的第一道防线上很好地控制外来病菌的入侵,起到预防呼吸道疾病和保护身体的作用。

## 十、茶对心理疾病的防治功效

产生心理疾病的主要原因包括遗传、生理、认知等内在因素和工作环境、人际关系等外在因素。尤其是在市场经济异常活跃的今天,面对日益增大的社会竞争压力,人们很容易产生心理上的变化,导致心理疾病。

茶叶可以抗疲劳、预防和治疗心理疾病,主要体现在两个方面:一是茶叶自身所具有的化学成分对心理疾病有预防和治疗的作用;二是茶文化对心理疾病有很好的治疗作用。

### (一)茶文化对心理健康的作用

当您准备要泡一壶好茶之时,备水、备茶、备具,这些静心工作均会让自己烦躁的心得到平复,尤其在冲泡茶叶时,那一缕缕茶香马上就能令人产生幸福的感觉和沉醉其中;而当和大家一起分享那杯用心泡出的茶汤,听到朋友们连声说"好茶,好茶"时,心中的欢喜又岂是用简单的文字所能形容。所以,专心泡茶,不掺杂念,在煮水、沏茶都要专心致志,用心体会,充满恭敬,饱含感恩,用心去感受天地间的精华和山水间的灵气。"一碗喉吻润,二碗破孤闷。三碗搜枯肠,唯有文字五千卷。四碗发轻汗,平生不平事,尽向毛孔散。五碗肌骨清,六碗通仙灵。七碗吃不得也,唯觉两腋习习清风生。"唐代诗人卢仝的《七碗茶诗》脍炙人口,充分表达了饮茶所达到的精神境界。

《茶论赋》中茶的"一味沧桑,原生而浓烈"也对我们生活有很好的启迪。茶叶在其生命最为华美的时候离开了生命之树,经历了诸多磨难(如揉、搓、炒、压甚至发酵等)之后,来到了精致的茶具之中,与自然之水相遇又一次新生了。这就是"苦尽甘来,历经磨难终成才"的人生哲理。重包容,以茶论道,容天下之人,容难容之事;重廉俭,以茶代酒,精行俭德,清新典雅。

我国第一任农业部副部长、浙江大学十大学子之一、当代茶圣吴觉农先生一生倡导茶人精神:"我一生事茶,是一个茶人。许多茶叶工作者,我的同事和我的学生,为茶共同奋斗。他们不求功名利禄,升官发财;不慕高堂华屋,锦衣美食;没有沉溺于声色犬马,灯红酒绿。大多数人一生勤勤恳恳,埋头苦干,清廉自守，无私奉献，具有君子的操守，这就是茶人风格。"吴老放得下一切的精神和平常心的生活态度也是我们民族兴旺的根本之道。浙江大学茶学系的著名教授庄晚芳先生提出"廉俭育德、美真廉乐、和诚处世、敬爱为人"的中国茶德，也是我们健康生活必不可少的良药。

**（二）茶的生物活性成分对人体生理的调节作用**

茶叶的茶氨酸被称为 21 世纪"新天然镇静剂"，对心理疾病有一定的缓解作用，具有松弛神经紧张、保护大脑神经、抗疲劳等生理作用，对缓解现代人工作、生活等心理压力有着重要的功能。L-茶氨酸被大白鼠肠道吸收，并通过血液传递到肝脏和大脑，脑腺体可以显著地增加脑内神经传达物质——多巴胺，对大脑神经细胞的兴奋起抑制作用。另外，茶氨酸可竞争性地与 N-甲基-D-天冬氨酸（NMDA）和非 NMDA 受体结合，这种结合不激活下游反应，进而抑制谷氨酸的毒性，起到保护神经元的作用，改变人脑电波中的 α 波的变化，50mg～200mg 茶氨酸发现能够达到放松精神的效果。实验发现，如果将饮用水时人的脑 α 波出现量定为 1，那么四名高度焦虑状态者服用 50mg 或 200mg L-茶氨酸后，脑 α 波的出现量均达到 1.2 以上。这证明 L-茶氨酸能促进人体精神的放松，对缓解现代人沉重的心理压力是有效果的。而且，实验条件下未发现茶氨酸对睡眠优势的 θ 波的影响。因此可以认为，服用茶氨酸能引起心旷神怡的效果，不仅不会使人产生睡意，而且具有提高注意力的作用。

综上所述，不同茶类和成分对不同疾病显示出不同的预防效果。这是因为不同茶类由于所采用的加工工艺的不同，茶叶品种的差异，其形成内含物的组成和含量差异甚大。茶多酚是区分六大茶类的主要指标，绿茶茶多酚一般含量为 20％左右，黄茶、白茶、青茶为 15％～20％，红茶为 10％～15％，黑茶为 5％～10％。

咖啡因含量与茶树品种和生态环境有关，在加工过程中的变化幅度并不大。绿茶和黑茶中的可溶性糖含量较高，而红茶最低，可能在红茶加工过程中，单糖和双糖与氨基酸作用转化形成芳香物质。在六大茶类中，绿茶和红茶的水浸出物最多，而黑茶最低。这是因为黑茶制作的原料较粗老，可溶性物质本身就少，而且在渥堆过程中进一步消耗了水溶性化合物。

氨基酸含量与鲜叶原料和加工方法有关。白毫银针茶的芽叶采摘标准和嫩度都较高，基本以一芽一叶为主，而茶树中的游离氨基酸正是集中在幼嫩的芽叶上，所以白茶原料中氨基酸基础含量就高；而"萎凋"过程又使鲜叶中蛋白质发生水解作用，使氨基酸含量增多。黑茶的采摘较粗放，芽叶粗大，且在渥堆工序中氨基酸的损失较多。

茶黄素和茶红素是多酚的氧化产物。由于绿茶、黄茶、黑茶加工要经过杀青工序，高温作用抑制了酶的催化作用，所以这些茶类中茶黄素和茶红素的含量较低。而白茶、青茶、红茶的加工过程中，由于要经过萎凋过程，加速了酶的促氧化作用，因此这些茶类中的茶黄素和茶红素含量就相对较高，其中红茶最高。

所以，饮茶对健康的预防作用也并非所有的茶均有效，而要根据每个人的身体状况和希望达到的效果进行合理的选择和科学的饮用，并且要坚持长期饮用，这样才能显现效果，起到预防疾病和减轻疾病的目的。

# 第七章 茶多酚与茶色素的保健功能

我国人工种茶和饮茶的历史可以追溯到 5000 多年前,在这历史岁月中,中华民族积累了大量有关茶的食用、药用和饮用的经验及方法,并且将之传播到了世界上许多的国家和地区,使茶成为当今世界的三大饮料之一,并且是 21 世纪最为健康的饮料。

本章将重点介绍茶多酚及其氧化产物茶色素的化学构成和生物活性功能。

## 第一节　茶多酚和茶色素化学

### 一、茶多酚的化学性质及其应用

茶多酚是茶叶中多酚类物质的总称,是茶叶中主要的化学和功能成分之一。茶叶中的多酚类物质,属缩合鞣质(或称缩合单宁)。缩合鞣质—苯核间用碳键连接,不能水解,加热后只能得到分子量更大的红色缩合物,也称茶鞣质(或茶单宁)。因其大部分能溶于水,所以又称水溶性鞣质。它是由黄烷醇类(儿茶素类)、黄酮类和黄酮醇类、4-羟基黄烷醇类(花白素类)、花青素类、酚酸和缩酚酸类所组成的一组复合体。

茶多酚含量高,分布广,变化大,对品质的影响最显著,是茶叶生物化学研究中最广泛、最深入的一类物质。它主要由儿茶素类、黄酮类化合物、花青素和酚酸组成,以儿茶素类化合物含量最高,约占茶多酚总量的70%。儿茶素类中主要包括表儿茶素(EC)、表没食子儿茶素(EGC)、表儿茶素没食子酸酯(ECG)和表没食子儿茶素没食子酸酯(EGCG)。

20世纪50年代日本原征彦先生发现并且分离了EGCG后,全球开展了大量有关茶多酚功能、生产方法及其在各方面应用的工作。1992年,屠幼英等人研发了茶多酚浓缩液的生产工艺,并且于1993年将茶多酚浓缩液产品出口到了韩国,成为我国茶多酚出口的首例订单。同时,浙江农业大学杨贤强教授、屠幼英等人起草了我国食品添加剂茶多酚的轻工行业标准——《食品添加剂茶多酚标准QB 2154—1995》。自此,茶多酚在我国的食品和日用品方面进行了广泛应用。

近50年间,全球报道了大量的医学科研成果,儿茶素已经开发成临床药物,如降血压的r-氨基丁酸酯粉末茶、防止花粉症的杉树叶与绿茶混合制成的杉茶、对心血管病伴高纤维蛋白原症及高血脂、肿瘤放化疗所致的白细胞减少症有治疗作用的"亿福林"心脑健胶囊等。另外,2001年京都大学再生医科学研究所用绿茶中提取的高纯度多酚,用做保存动物的组织和内脏器官以有利于器官移植等手术获得成功。

同时还开发出大量的保健功能产品,主要有以下十个种类:(1)免疫调节食品;(2)调节血脂食品;(3)调节血糖食品;(4)延缓衰老食品;(5)抗辐射食品;(6)减肥食品;(7)促进排铅食品;(8)清咽润喉食品;(9)美容食品(祛痤疮/祛黄褐斑);(10)改善胃肠道功能食品(调节肠道菌群/促进消化/润肠通便)。其中以减肥和降脂保健品为主,如奇康胶囊就有调节血脂、软化血管、减肥等功效。

另外,在日化行业的茶多酚产品也是琳琅满目。如茶多酚保柔液、绿茶面霜、绿茶香水及沐浴润肤等均以绿茶的提取物"茶多酚"为主要原料精制而成,具有皮肤美容、护理、祛角质层、祛皱纹、除粉刺等多种功能。还有一系列茶叶除菌和除异味产品,如含茶多酚和活性炭的鞋垫、枕头、浴巾,用于下水道、垃圾箱和澡堂消臭的产品及绿茶枕头、茶染色毛巾被等。

## 二、茶色素化学

茶叶鲜叶中含有一类具有发色基团的化合物,称色素。其中主要有叶绿素、叶黄素、胡萝卜素、花黄素和花青素。

茶叶中还有一类色素,它们不是鲜叶中原有的,而是在加工过程中形成的,即由茶多酚氧化聚合而形成的茶多酚氧化产物——茶黄素(TFS)、茶红素(TRS)和茶褐素(TBS)。红茶的重要品质成分茶黄素、茶红素等化合物有苦涩味。茶黄素是一类红茶色素复合物,是由儿茶素类物质经酶促氧化而成的多酚衍生物,大致是一种通过儿茶素苯骈环化作用而形成的具有苯骈卓酚酮结构的物质。目前已发现并鉴定的茶黄素种类共有28种组分,其中主要有四种,即茶黄素(TF 或 TF1)、茶黄素-3-没食子酸酯(TF-3-G 或 TF2A)、茶黄素-3′-没食子酸酯(TF-3′-G 或 TF2B)和茶黄素-3,3′-双没食子酸酯(TFDG 或 TF3)。

茶红素形成的可能途径大致包括简单儿茶素或酯型儿茶素的直接酶性氧化。它是红茶中含量最多的多酚类氧化产物,占红茶干物重的 5%～11%，约占红茶水浸出物的 30%～60%。其色棕红，是红茶茶汤中红色物质的主要成分，收敛性、刺激性弱于茶黄素。

茶褐素是一类水溶而不溶于乙酸乙酯和正丁醇的褐色素，具有十分复杂的组成，除含有多酚类的氧化聚合、缩合产物外，还含有氨基酸、糖类等结合物，化学结构有待探明。有学者定义其主要组成是多糖、蛋白质、核酸和多酚类物质，是由茶黄素和茶红素进一步氧化聚合而成的。

茶黄素能显著提高超氧化物歧化酶（SOD）的活性，显著清除人体内的自由基，阻止自由基对机体的损伤，预防和治疗心血管疾病、高脂血症、脂代谢紊乱、脑梗塞等疾病，改善微循环及血流变等功效，还有良好的抗氧化及抗肿瘤作用。在有些方面甚至优于儿茶素类。茶黄素对肿瘤扩散和转移具有抑制作用；对炎症和免疫调控过程也具有重要作用；可吸附和降解在吸烟过程中产生的有害化合物，减轻吸烟对人体健康的危害；茶黄素及其没食子酸酯对逆转录病毒［包括艾滋病毒Ⅰ（HIV-Ⅰ）］的逆转录酶及各种细胞的 DNA 和 RNA 聚合酶活性具有抑制作用。同时，由浙江大学屠幼英等人研制的用固定化多酚酶法生产茶黄素的方法，解决了茶色素的大规模生产工艺和技术。这一研究成果获得了国家发明专利、第 40 届国际日内瓦发明银奖，以及浙江省科技进步奖。

## 第二节　茶多酚和茶黄素的保健功能

### 一、茶多酚和茶黄素的抗氧化作用

截至目前的研究发现,人体中积累的自由基可以引起诸多的疾病,如癌症、高血压、高血脂、炎症和心血管疾病,而茶多酚和茶黄素具有较强的抗氧化、清除自由基和减轻自由基损伤的作用,因此,茶多酚和茶黄素具有防癌抗癌、降血脂、抗菌抗病毒、消炎、预防动脉粥样硬化等生物学作用。

茶多酚和茶黄素的抗氧化机理包括对自由基直接清除、通过抑制产生自由基的酶和螯合金属离子来抑制自由基的产生,激活体内的抗氧化酶系等。这些研究结果通过化学反应模型、体外细胞模型和动物模型得到证实。

#### (一)茶多酚和茶黄素对自由基的清除作用

茶多酚有在体外清除多种自由基的作用,包括超氧阴离子、单线态氧、过氧亚硝酸盐和次氯酸等。茶多酚清除自由基的能力呈剂量—效应关系。一种化合物具有清除自由基的活力,部分是由于其具有标准单电子还原电位(Eo'),即在标准状况下,这种物质能够提供氢原子或电子供体,形成分子内氢键,使分子结构重排,从而有效稳定自由电子。Eo'较低则提示供给氢或电子所需的能量较低,是体现抗氧化能力的重要因素。研究证实,茶多酚和茶黄素的 Eo' 与维生素 E 相似,但比抗坏血酸高。茶黄素和其他一些抗氧化剂的标准氧化还原电位(即当 pH＝7、

20℃时失去一个电子的电位值)见表 7-1。

表 7-1 抗氧化剂的电位值

| 抗氧化剂 | 还原电位值（mV） |
|---|---|
| 抗坏血酸 | 280 |
| 维生素 E | 480 |
| 尿 酸 | 590 |
| 谷胱甘肽 | 920 |
| EGCG | 430 |
| EGC | 430 |
| EG | 570 |
| ECG | 550 |
| TF1 | 510 |
| TF3 | 540 |

屠幼英研究团队明确了四种茶黄素单体体外清除活性氧自由基的构效关系，利用体外活性氧自由基分析系统，研究了四种茶黄素单体清除超氧阴离子、单线态氧、过氧化氢和羟自由基的能力。四种茶黄素单体的自由基清除能力均优于或接近于EGCG，并呈现浓度依存性关系（表 7-2）。$IC_{50}$值显示，超氧阴离子自由基清除能力大小依次为：TF1＞TF2B＞TF2A＞TF3＞EGCG，清除能力取决于茶黄素与超氧阴离子的反应速率，其中TF1已被证实具有高的反应速率，是 EGCG 的 10 倍以上。

茶黄素单体具有良好的单线态氧清除能力，在低于 $1\mu m$ 的浓度条件下即可达到 50％的清除率。各样品清除能力依次为：TF2B＞TF1＞TF3＞TF2A＞EGCG。

表 7-2　四种茶黄素单体清除超氧阴离子、单线态氧、
过氧化氢、羟自由基能力的比较

| 样品 | 超氧阴离子 $IC_{50}(\mu mol/L)$ | 单线态氧 $IC_{50}(\mu mol/L)$ | 过氧化氢 $IC_{50}(\mu mol/L)$ | 羟自由基 $IC_{50}(\mu mol/L)$ |
|------|------|------|------|------|
| EGCG | 45.80 | 0.87 | 0.66 | 34.77 |
| TF1 | 14.50 | 0.73 | 0.49 | 37.96 |
| TF2A | 21.70 | 0.86 | 0.45 | 32.49 |
| TF2B | 18.60 | 0.55 | 0.39 | 27.83 |
| TF3 | 26.70 | 0.83 | 0.39 | 25.07 |

　　生物体系中,过氧化氢是超氧阴离子自由基的转化产物,又是引发 Fenton 的重要因素。因此,及时、有效地清除过氧化氢自由基是有效控制自由基水平,减少向更严重的氧化损伤转变。研究表明,$0.5\mu m$ 的浓度条件下各茶黄素单体即可实现 $50\%$ 的清除效果,清除能力大小依次为:TF3＝TF2B＞TF2A＞TF1＞EGCG,但单体间的相互差异不显著。黄嘌呤氧化酶在催化次黄嘌呤转变为黄嘌呤,并进而催化黄嘌呤转变为尿酸的两步反应中,都以分子氧为电子受体,从而产生大量的 $H_2O_2$,$H_2O_2$ 再在金属离子参与下形成羟基自由基。茶黄素能抑制黄嘌呤氧化酶产生尿酸并且清除过氧化物,在 HL-60 细胞中,TF3 能抑制肉豆蔻沸波酯诱导的过氧化物产生,对 $H_2O_2$ 的清除能力依次为:TF2＞TF3＞TF1＞EGCG。

　　羟自由基是生物体内氧化损伤能力最强的一种自由基,可引起 DNA 链的断裂,而 DNA 的损伤如果不能修复,会引发基因的不正常转录及蛋白质的不正常表达,即细胞炎症、组织病变及癌症等疾病的发生。各样品具有明显的清除羟自由基能力,

以 TF3 的清除效果最佳,余下的依次为:TF2B＞TF2A＞EGCG＞TF1。统计结果显示,TF3、TF2B 与各样品的差异达到显著水平。运用体外 DNA 损伤体系,研究各茶黄素样品体外保护 DNA 免受氧化损伤的效果显示,TF2A、TF2B、TF3 均能有效地保护质粒 DNA 免受羟自由基的攻击,作用效果可能来自于其高效的自由基清除能力。

上述茶黄素单体清除自由基能力的构效关系可望用于针对不同自由基剂型的药物设计。

屠幼英等人还利用 AM1 法计算茶叶儿茶素的生成热 HOF 值,并通过对物质构效关系和实验结果加以相互印证,提出了以 HOF 值来预测和表征茶叶中多酚类抗氧化能力的方法。对儿茶素的评估结果显示,EC、EGC、ECG 和 EGCG 的 HOF 值分别为$-213.58$、$-252.96$、$-322.44$、$-383.99$,HOF 值越低其抗氧化性越强,与实验所得结果四种儿茶素的抗氧化活性的强弱顺序(EGCG＞ECG＞EGC＞EC)相符合。TF1、TF3、EGCG 和维生素 C 的 HOF 值分别为$-389.35$、$-654.13$、$-383.99$、$-232.18$,由此可以看出抗氧化性最好的是 TF3,另外 TF1 的抗氧化性可与 EGCG 相媲美。

另外,茶黄素各单体对细胞的保护作用均强于 EGCG。在$3.2\mu m$ 浓度时,茶黄素各单体表现出最强的细胞保护作用,可提高 20％左右的细胞存活率,相当于恢复了 70％左右的 $H_2O_2$ 诱导氧化损伤的细胞。茶黄素各单体对 $H_2O_2$ 诱导氧化损伤的 HPF-1 细胞及正常的 HPF-1 细胞均有保护作用。

### (二)茶多酚和茶黄素在细胞模型中的抗氧化作用

茶多酚与金属离子(如铁、铜)发生螯合作用,形成非活性复合物，能够阻止此类具有氧化还原活性的金属离子发生催化反应，避免自由基生成，从而加强其抗氧化作用。这种金属螯合能力可以解释茶多酚在体外实验中抑制铜离子介导的低密度脂蛋白的氧化，以及抑制金属离子催化氧化反应的能力。但是，目前尚不清楚茶多酚的金属螯合作用与生理状态下的抗氧化活性是否相关。体内绝大多数金属离子是与蛋白质结合的，并不参与金属离子催化的自由基形成过程。

Ⅱ期解毒酶促进了毒性物质或致癌化合物的排泄。谷胱甘肽-S-转移酶属于Ⅱ期解毒酶家族，能催化谷胱甘肽与亲电子体结合，降低其与核酸和蛋白质反应的能力，并减少了由此所造成的细胞损伤。Erba 等人对用红茶提取物处理的 Jukat T 细胞株的氧化损伤进行了研究。他们用铁离子作为氧化剂，观察其对 10mg/L 或 25mg/L 的红茶处理 Jurkat T 细胞株中 DNA 的破坏和谷胱甘肽过氧化物酶的活性及降低 DNA 的氧化损伤。

环氧合酶-2(COX-2)能被细胞因子、生长因子诱导活化，氧化多种物质，对机体组织造成伤害，在多种病理状况下 COX-2 活性显著升高。Khan 等人研究发现，在 PC-3 前列腺癌细胞中，经茶多酚($10\mu mol/L \sim 100\mu mol/L$)处理后，COX-2 的表达明显受到抑制。

Ying 等人发现，红茶多酚能够抑制 NADPH 氧化酶的两个亚单位 p22-phox 和 p67-phox，同时上调了过氧化氢酶的活性($p < 0.05$)，从而减少活性氧的产生。用红茶多酚处理牛动脉内皮细胞 24 小时后，超氧阴离子水平明显降低，进而抑制了血管紧张素Ⅱ诱导的牛动脉内皮细胞的高通透性，这一作用最终对心血管疾病，包括高血压的预防都有积极的作用。Lin 等人发

现 TF3 对诱导型的一氧化氮合成酶的抑制作用是通过对抑制诱导型的一氧化氮合成酶 mRNA 的表达来实现的。另外，TF3 还可以抑制 NF-$\kappa$B（p65 和 p50）亚基的磷酸化，从这两个途径来最终达到抑制 iNOS 合成的目的。

### （三）茶多酚和茶黄素在动物模型中的抗氧化作用

从雄性 8～10 周龄 C57BL/6 小鼠体内提取出骨髓源性树突状细胞，随后分别加入 25$\mu$mol/L 和 50$\mu$mol/L 的 EGCG 培养 2 小时。结果发现，随着 EGCG 浓度的增加，树突状细胞中 COX-2 mRNA 和蛋白表达呈明显下降趋势；而且还发现 EGCG 显著抑制了前列腺素 E2 的合成和表达。Saha 等人用茶黄素喂养小鼠后，将其暴露于致癌物二甲基苄蒽中，结果表明茶黄素能明显激活小鼠体内的 GST、GPx 的活性，同时还伴随着脂质过氧化的显著降低。Sano 等人用含 3% 的红茶粉末的饲料喂养大鼠，经过 50 天喂养以后，从大鼠的肝脏切片可以看出，由叔丁基过氧化氢和溴化三氯甲烷诱导的脂质过氧化都得到了明显的抑制。

从茶多酚和茶黄素的结构、氧化还原电位及体外实验来看，茶黄素都是一种很有效的抗氧化剂。然而，有关其在体内实验中所显示的抗氧化作用的报道较少。如何提高茶多酚和茶黄素的生物利用率，将是今后研究的方向。另外，茶多酚和茶黄素的化学检测方法也是制约其发展的一个因素。建立一种灵敏快捷的检测方法，使其能实时监控茶黄素在体内的代谢将会对茶多酚和茶黄素的研究做出更大贡献。

## 二、茶多酚和茶黄素的抗肿瘤作用

癌症的发病机理相当复杂,受控于多种因素和多个基因,而这些基因发挥功能涉及许多酶、生长因子、转录因子和信号转导因子等。如何控制这些酶和因子的活性是防癌和抗癌的关键。近年来,科学家们对茶多酚和茶黄素的抗癌作用和机理进行了大量研究,并取得较多进展。

### (一)茶多酚在起始阶段抑制肿瘤的发生

启动期即正常细胞由于致癌物或紫外线的作用或生物因素的诱导而导致靶细胞的 DNA 损伤,形成启动细胞。致癌剂的损伤作用于细胞色素 P450 家族,引发终致癌物,大部分终致癌物再经过代谢排出体外,少部分未代谢的终致癌物作用于原癌基因的 DNA 或抑癌基因的 DNA,从而使癌基因得到表达。紫外线的损伤作用首先是使脂类物质,尤其是不饱和脂过氧化产生自由基,然后再作用于 DNA 达到损伤目的,并使细胞进入启动期。

对突变热点的保护也是茶多酚抗癌的一个重要原因。在转 rpsL 基因小鼠的肺细胞中发现对于苯并芘诱导的许多原癌基因,如 Ki-ras、rpsL、P53 及肺癌的诸多突变热点的突变产生了抑制,包括对人的 Ki-ras 的 12 位,P53 的 157、248 位及肺癌的 273 位等。这些位点是一系列的 AGG、CGG、CGT、TGG、TGC、GGT,这些点的突变正是原癌基因转变为癌基因或者抑癌基因失效的重要位点,苯并芘(B[α]P)的最终代谢产物 BPDE 正是与这些位点结合的,茶多酚正是减少了这种突变的产生,从而降低了癌的启动倾向。

用小鼠为材料,先用 7,12-二甲苯并蒽使细胞启动,然后再用组织多肽抗原使癌细胞进入促进期,分别用儿茶素 EGCG 处理 30 分钟后与未处理的作对照,然后再用苯甲酰的过氧化物、4-硝基喹啉和丙酮处理,都得到 EGCG 对皮肤乳头癌的恶化具有抑制作用,其中苯甲酰的过氧化物为产生自由基的物质、4-硝基喹啉为化学致癌剂。同时,他们用同位素氚化脱氧胸苷表明了 EGCG 阻止了 DNA 的合成,从而对癌细胞的赘生和非整倍性扩增产生了抑制。

### (二)茶多酚对肿瘤细胞的转录和生长因子的抑制

促进期即启动细胞内在细胞水平上发生了一系列的变化,包括鸟氨酸脱羧酶(ODC)、肌动蛋白 AP-1 等因子水平的提高,各种促进生长的胞内信使磷酸化并发生级联反应,从而导致 DNA 的扩增使细胞向癌细胞转化或发生分化和赘化。

1. 对鸟氨酸脱羧酶的抑制

作为肿瘤促发阶段的关键酶和原生型致癌基因,鸟氨酸脱羧酶是多胺合成的限制酶,是增生或分化的标记和癌细胞进入促进期的重要标志。所以,作为肿瘤促发阶段的关键酶和原生型致癌基因,ODC 可诱导聚胺的形成,而聚胺被认为与细胞增殖和癌变过程有密切关系。聚胺在癌细胞中的浓度高于正常细胞,因此 ODC 酶的抑制物,如 α-二氟甲基鸟氨酸(DFMO)被用于癌症的预防和治疗。

90 年代初就曾证明在小鼠皮肤上点施绿茶多酚可以抑制表皮 ODC 活性,且呈剂量效应。EGCG 对 ODC 的抑制作用具有选择性,对正常细胞 ODC 的抑制作用弱于癌细胞中的 ODC。
$1.0\mu m$ EGCG 可抑制转移细胞中 ODC 的 40%。用绿茶多酚喂
饲小鼠 7 天后即发现在前列腺癌细胞中过量的 ODC 活性明显
下降。Yamane 等人在鼠胃腺细胞中发现 N-甲基-N′-硝基-N-
亚硝基胍对癌的诱导被 EGCG 所抑制,当他们用 5-Br-脱氧尿
苷作标记,发现了胃粘膜细胞的 ODC 和亚精胺的下降,EGCG
抑制了 ODC 活性从而抑制了癌细胞的促进。

2. 对肌动蛋白 AP-1 的抑制

茶多酚、EGCG 和茶黄素在癌症细胞的促进期可抑制 AP-1
的活性,从而抑制癌细胞的转化。用 JB-6 鼠表皮细胞系,一组
用 EGCG 处理,一组作为对照,30 分钟后用 TPA 或 EGF(表皮
生长因子)处理 24 小时,检测后发现抑制了 TPA 和 EGF 的诱
导作用。在检测 AP-1 的活性后,发现 AP-1 的转录活性和
DNA 的结合活性均被抑制,最终抑制了转化。而 AP-1 的磷酸
化是细胞引发赘化、转化、分化和凋亡的信使,高水平的 AP-1
可在癌的促进和进展期被发现,同时发现 JB-6 中 AP-1 引起的
信号传递是通过了 c-Jun NH2-末端激酶途径所增强转录的。
Jee Y. Chung 也对 AP-1 作了一系列的研究,用了 EGCG、EGC、
ECG、EC、TF 和 TF-3-G、TF-3′-G 和 TF-3,3′-diG,而 JB-6 系
用 H-ras 转染,检测 AP-1 活性,结果 AP-1 活性被抑制。若在
体系中加入过氧化氢酶,不影响抑制活性,说明过氧化氢未起作
用。深入研究表明,ras 转染中,AP-1 的信号传递是通过 ErK
途径(胞外调节蛋白激酶途径),在 ras 中 AP-1 是由 C-jun 和
fra-1 构成的二聚体,EGCG 降低了 C-jun 的水平,而 TFdiG 降
低了 fra-1 的水平,这样就直接降低了 AP-1 的水平,从而阻止

了整个促分裂的激酶。

### （三）茶多酚对肿瘤细胞进展期的抗癌机理

进展期即从一个癌细胞开始到发展成病灶。茶多酚这一时期的作用实质就是抗癌作用，包括了对癌细胞不同于正常细胞的性质的抑制或使癌细胞的无限制生长终止而凋亡。

端粒酶（Telomerase）是控制癌细胞增殖能力的一种关键酶，它是一种具有反转录活性的核糖粒蛋白，起着保持染色体末端完整和控制细胞分裂的作用。正常细胞每分裂一次，染色体的端粒会缩短 50bP～200bP，当缩短到一定长度时，细胞不再分裂，进入自然死亡。85％以上的癌症都表现端粒酶的活性，而大多数体细胞则没有可检出的端粒酶活性。Imad Naasani 等人的研究表明，EGCG 可对端粒酶抑制，使端粒变短，从而导致癌细胞的衰老；并检测出了细胞衰老的标志——$\beta$-半乳糖苷酶的活性。这表明，茶多酚对癌细胞有定向作用。茶叶中的儿茶素对端粒酶的抑制活性以 EGCG 最强，ECG 次之，EGC 和 EC 也有一定的抑制活性。EGCG 和其他多酚类化合物在模拟人体血液中很易分解成 EGCG 的 B 环开环氧化产物，这些代谢物对端粒酶的抑制活性提高了 20 倍之多，认为 EGCG 及类似结构的多酚化合物起前体药物的作用，当被人体吸收和分布时，便会进行变构，增强对端粒酶的抑制活性。体外研究表明，EGCG 对端粒酶的 $IC_{50}$ 为 $1\mu m$，这与饮茶（中等饮用量）后血液中 EGCG（$0.3\mu m$～$0.4\mu m$）的浓度接近；当 EGCG 在体内代谢成氧化产物后，其 $IC_{50}$ 仅为 $0.3\mu m$，这与人体内实际 EGCG 浓度相一致。

### （四）茶多酚抑制 MMP 酶活性防止细胞转移

环基质金属蛋白茶叶酶（MMP）膜型 MMP 位于肿瘤细胞

表面,它有 20 多种酶,其中 MMP-2、MMP-3 和 MMP-9 具有高选择性。这些 MMP 酶对癌细胞转移是必不可少的,因此抑制 MMP 酶活性的化合物对控制癌细胞转移是有效的。英国、瑞士、日本等国都已开发了这类金属酶阻害剂作为抗癌药物上市,开发过程中发现 EGCG 具抑制 MMP 酶的活性,对 MMP 的 $IC_{50}$ 仅为 $0.3\mu m$。其中研究最多的是白明胶酶 A(MMP-2)和白明胶酶 B(MMP-9)。研究表明,ECG 和 EGCG 对肺癌细胞的抑制活性高于 EC 和 EGC。据日本山本万里研究,酯型儿茶素和 TF1 对癌细胞的浸润具强抑制活性。EGCG 和其他茶多酚化合物对 MMP 酶系的抑制作用备受关注,主要是因它对 MMP-2 和 MMP-9 的抑制浓度比其他关键酶(如尿激酶)的抑制浓度低 500 倍之多,比 Q1 蛋白酶抑制剂要强 30 倍。EGCG 对白细胞弹性蛋白酶的抑制浓度甚至是弹性蛋白酶类抑制剂 Elsastinal 的 1/40,是头孢菌素、内酰胺和三氟甲基酮的 1/50~1/200。

**(五)茶多酚与癌细胞 67LR 的结合**

肿瘤是细胞在不受抑制增殖时形成的,恶性肿瘤能入侵周围的细胞,尤其是具攻击性的恶性肿瘤细胞,先穿透一层基层膜后转移和扩散到其他的器官里去。基层膜是特殊分化的细胞外基质,正常细胞无法穿透这层基层膜。Laminin 是一种大分子糖蛋白,广泛分布于细胞外基质中,通过细胞表面受体而具有与细胞之间沟通的能力。它是入侵癌细胞主要的附着基体。恶性癌细胞直接粘附于 laminin,与癌细胞潜在的转移性直接相关。研究发现,laminin 呈高亲和力粘附于癌细胞表面并可呈饱和状态,暗示有 laminin 的受体存在。后来发现,有一种 67kD laminin 受体(67LR)和 laminin 有高亲和力。众多的研究发现,癌细胞表面有过量的 67LR 存在。这和癌细胞入侵和转移直接相关。因而 67LR 在癌细胞穿透基层膜而转移的过程中起重要的作用。许多动物试验和流行病学的研究都显示,茶叶具有抗多种类型癌症的功效,尤其是表没食子儿茶素没食子酸脂。但茶的抗癌机理并不完全清楚。不久前,日本九州大学科学家 Taehlbana 等人的研究找到了与 EGCG 结合的受体,它就是与癌细胞入侵和转移起重要作用的 67LR。和用清水处理比较,有 67LR 的人类肺癌细胞经 EGCG 处理后其生长受到明显的抑制,浓度分别为 $0.1\mu m$ 和 $1\mu m$。而无 67LR 的肺癌细胞经 EGCG 处理后其生长不受影响。在 EGCG 处理前用 67LR 的抗体处理,EGCG 则失去了对癌细胞生长的抑制作用。这些表明,67LR 是 EGCG 抗癌作用的直接受体。其他的茶叶成分,如用咖啡因和其他的茶多酚处理,既不能结合于细胞表面,也不能抑制有 67LR 的癌细胞的生长。和普通大众最直接相关的是,只需每天喝 2~3 杯绿茶就能受益于绿茶防癌抗癌的功效。

### (六)对致癌物代谢途径的调控

化学致癌剂主要包括杂环胺类、芳香胺类、黄曲霉素 B、苯并芘、1,2-二溴乙烷、2-硝基丙烷等。Weisburger 等人认为,茶多酚对多种致癌物的作用均有抑制。他们发现茶多酚对癌有抑制作用,而 EGCG 的抑制作用在加入 S9(从小鼠肝中提取的具有混合功能的多种氧化酶类的混合物)的培养液中才出现,而在没有 S9 的培养液中未曾发现。因此得出结论,茶多酚的抑癌作用是通过多种代谢酶来实现的,即茶多酚通过增强对这些致癌物的新陈代谢达到抑制作用。

在用 2-氨基-3-甲基咪唑并(4,5-f)喹啉(IQ)和苯并芘(B[α]P)的诱导过程中也发现了茶多酚与 S9 共同作用于致癌物的代谢。同时认为,茶多酚抑制了细胞色素 P450 介导的对 IQ 和 B[α]P 生成终致癌物的途径。茶多酚作用于前诱变剂和它们的代谢产物,从而减少它们潜在的诱变性,即一种去诱变剂作用。

MAPK 是一组可被多种信号激活的丝/苏氨酸激酶,经双重磷酸化激活后可参与细胞的多种生物活性,如调节基因转录、诱导细胞凋亡、调节细胞周期等。MAPK 对细胞凋亡的诱导作用,是近年来研究的重点。尤其是对肿瘤细胞凋亡的诱导作用,更是人们关注的焦点。截至目前已经发现 P38、ERK5、ERK 和 JNK 四个亚族。其中 ERK、JNK、P38 三条通路与肿瘤的关系密切。绿茶多酚可通过影响 P38 蛋白,下调影响血管功能的窖蛋白的基因表达。

屠幼英等人在对细胞信号通路的研究中发现,茶黄素和维生素 C(TF3＋Vc)对 SPC-A-1 细胞中的 caspase 3 的活性为 TF3 单独使用时 caspase 3 活性的 1.64 倍;ECA-109 细胞中 EGCG ＋Vc 处理的 caspase 3 的活性显著高于 EGCG 单独使用时 caspase 3 的活性,高达 3.29 倍。对 SPC-A-1 细胞中 caspase 9 的活性检测结果显示,EGCG＋Vc 处理后 caspase 9 的活性为 EGCG 单独作用时的活性的 2.9 倍;EGCG＋Vc 处理和 TF3＋Vc 处理后的 ECA-109 细胞中 caspase 9 的活性分别小于 EGCG 和 TF3 单独处理。EGCG、TF3、EGCG＋Vc 和 TF3＋

Vc 可通过 MAPK 通路中的 ERK、JNK 和 P38 三条途径诱导 SPC-A-1 肺癌细胞凋亡，而 Vc 只能通过 ERK 途径诱导该细胞凋亡。TF3 和 TF3＋Vc 处理可通过 ERK 和 JNK 途径诱导 ECA-109 食道癌细胞凋亡，EGCG 和 EGCG＋Vc 可通过 JNK 和 P38 途径诱导 ECA-109 食道癌细胞凋亡。

### 三、茶多酚和茶黄素预防心脑血管疾病

茶黄素、茶多酚通过减少血脂的水平，促进胆固醇代谢，从而降低体内胆固醇。同时，茶多酚还能阻止食物中不饱和脂肪酸的氧化，减少血清胆固醇及在血管膜上的沉积，通过抑制不饱和脂肪酸的氧化途径起到抗动脉硬化的作用。此外，茶多酚能溶解脂肪，对脂肪的代谢起着重要作用。具体的作用途径可以归纳为以下三点：

（1）降胆固醇、降血脂。茶多酚和茶黄素能有效阻止消化系统吸收胆固醇和甘油三酯，防止胆固醇及脂肪酸在体内蓄积，直接排出体外，效果显著。

（2）清除自由基、保护血管内皮细胞免受氧化损伤的作用。茶多酚和茶黄素具有清除体内自由基、抑制自由基的产生，抗脂质过氧化。

（3）升高密度脂蛋白（HDL）。HDL 具有清除血管壁上的胆固醇、抗动脉粥样硬化的作用。

美国普渡大学的研究证实，茶多酚具有抑制人体癌细胞的特异功效，它可以增强身体的抗氧化防卫系统，保护细胞免受自由基的侵害，延缓衰老，促进突变细胞和异常细胞凋亡，维持正常的细胞群体和功能，预防心脑血管疾病，抗动脉硬化，改善血

液流通,防止血管破裂,调整机体免疫功能,抑制某些有损细胞酶素的产生,促进新陈代谢。

1993年,江西省绿色工业集团公司与相关院校合作进行了药理、毒性的实验研究。结果表明,茶色素有较好的调节血脂代谢紊乱的作用,显著的抗脂质过氧化、清除氧自由基的作用,以及抗凝和促纤溶作用,可抑制人胚、主动脉平滑肌细胞(SMC)增殖,抑制主动脉脂质斑块形成,清利头目,化痰消脂,用于治疗痰瘀互结引起的高脂血症、冠心病、心绞痛、脑梗塞等疾病。1998年,茶色素胶囊荣获国家中药保护品种证书,并获得国家国药准字 Z36021248。

大量研究和临床实践表明,茶黄素具有比茶多酚更强的抗氧化性能和保健功能,对预防心脑血管疾病有突出功效。医学研究证实,茶黄素能有效对抗心脑血管疾病的高血脂、高血粘、高血凝、自由基过多、血管内皮损伤、微循环障碍和免疫功能低下这七大危险因子,且没有毒副作用,将成为安全可靠的根本性治疗心脑血管疾病的新一代绿色理想药物。下表为 20 世纪 70～90 年代浙江大学楼福庆教授等人对 10 多万人进行茶色素预防心血管疾病临床试验的部分结果。

表 7-3　茶色素预防心血管疾病临床结果

| 病　症 | 病例数 | 给药法 | 疗　效 |
|---|---|---|---|
| 心脑血管疾病 | 治疗组：60<br>对照组：60 | 250mg/次<br>3 次/日<br>连续用药 3 个月以上 | 有效率高，大幅度改善血脂，稳定正常水平血脂时间长 |
| 冠心病高血脂 | 非治疗组：52<br>男：63　女：35<br>平均年龄 62 | 125mg/次<br>3 次/日<br>连续 4 周 | 增加对免疫机能的平衡的条理 |
| 冠心病和高血压 | 治疗组：30<br>正常对照组：30 | 250mg/次<br>3 次/日<br>服药 40 天 | MDA 明显降低 |
| 缺血性心、脑血管疾病 | 男：32<br>女：11 | 125mg/次<br>3 次/日<br>2～4 周 | 降低血浆内皮素，升高降钙素基因相关肽 |
| 原发性高血压及高血脂症 | 干预组：60<br>安慰剂组：33 | 125mg/次，3 次/日<br>125mg/次，消心痛 | 对 TC 和 TG 有明显的降低作用 |
| 冠心病心绞痛 | 治疗组：56<br>对照组：60 | 100mg/次<br>3 次/日<br>1 个月 | 能有效防治心绞痛发作，且无明显副作用 |
| 急性毒性心肌炎 | 治疗组：21<br>对照组：18 | 250mg/次<br>3 次/日<br>15 天 | 改善心肌缺血，降低窦性心动过快，纠正心率失常 |
| 高原肺心病心衰 | 海拔：2260m；<br>大气压：77.27kPa | 125mg/次<br>3 次/日<br>2 个月 | 5 例出现牙龈出血，皮下出血点；心衰征象明显改善 |
| 脑血管病 | 男：68<br>女：12 | 茶黄色素胶囊<br>250mg/次<br>3 次/日，4 周 | 血脂、微循环改善，对短暂性脑缺血疗效理想 |
| 心力衰竭 | 治疗组：60<br>对照组：20 | 常规处理加上茶黄色素 125mg/次<br>3 次/日，1 个月 | 血脂代谢紊乱及血液流变学异常显著改善，无毒副作用 |
| 急性锥-基底动脉脑梗死 | 对照组：40<br>治疗组：39 | 125 或 250mg/次<br>3 次/日 | 对该病指标兼治本，长期用药，小剂量为好，重型患者任何剂量都无效 |

结果可见,对于大部分心血管疾病,茶色素均显示了良好的预防和治疗效果。

## 第三节 茶多酚和茶黄素药品和保健品案例

2003～2007年五年中,我国共批准注册国产保健食品3806个,其中茶保健食品有168个,占全部注册产品的4.41%。从注册的配方类型看,茶保健食品以复方产品为主,占注册产品总数的99.4%。所注册的剂型构成主要有胶囊剂、茶剂、片剂三种形式,分别占注册产品总数的43.4%、35.7%和14.9%。其他剂型的产品如冲剂、丸剂、口服液、酒剂等,只占注册产品总数的6%。所涉及的保健功能共21项,排在前三位的依次为辅助降脂、减肥和增强免疫力,分别占产品总数的25%、18.5%和16.1%。茶保健食品以宣称单一保健功能的产品为主,占产品总数的73.5%;宣称具有两种及两种以上保健功能的产品有44个,占产品总数的26.2%。以茶叶提取物形式添加的产品共有89个,其中以添加茶多酚的产品最多,有60个;其次为添加绿茶提取物的产品有17个;而添加乌龙茶提取物、红茶提取物、茶色素、茶氨酸、茶多糖等其他茶叶提取物的产品很少,所占比例不到总产品数的5%。

上述保健茶食品正好满足了目前我国高血脂、高血压、高血糖、心脑血管疾病和免疫力低下等人群的需要,同时也是特种工作环境工作者预防疾病的方便产品,可以弥补不能进行传统方式饮茶的缺憾。如茶多酚片或者茶黄素片,每天4～6片就可以代替6g～9g茶所起到的保健效果,它们可以清除过多的自由基、预防心脑血管疾病和"三高",对于预防肥胖等症状也有一定效果。同时,这些产品已经脱除咖啡因,因此对饮茶敏感性人群也适用。下面介绍几种国内外经典的茶多酚新药和保健品。

## 一、儿茶素新药——Veregen

20世纪90年代,中国医学科学院程书钧科研小组针对儿茶素的抗诱变作用,进行了深入的试验,如在各种肿瘤、免疫、炎症、增生、基因等方面的研究,最后把目标框定在抗HPV病毒上面。HPV的第6型和第11型是引发尖锐湿疣的元凶,而尖锐湿疣是一种很难根治的常见病。目前,欧洲有1400万、北美有1500万尖锐湿疣患者。临床试验的结果表明,以儿茶素为主要成分的Veregen在治疗尖锐湿疣方面具有非常明显的疗效。在中国进行一期临床试验的结果显示:儿茶素药膏对尖锐湿疣的治愈率最高达到61%。在加拿大Epitome公司的艰苦努力下,美国FDA承认了儿茶素在中国一期临床试验的结果,同意在此基础上直接开始儿茶素的二、三期临床试验。2006年,美国FDA批准了儿茶素药物上市,药物命名为Veregen。这是FDA根据1962年的药品修正案条例,首个批准上市的植物(草本)药。

## 二、茶多酚奇康胶囊

高血脂是造成动脉粥样硬化的主要原因。茶多酚能全面调节血脂,抑制甚至逆转动脉粥样硬化,防治高血压、冠心病、脑中风等心脑血管疾病。茶多酚奇康胶囊是由浙江大学研制成功的以茶多酚为主要功能成分的保健产品,具有降低胆固醇、甘油三酯、低密度脂蛋白，升高高密度脂蛋白，全面调节血脂等功效。并已获得国家卫生部批准的卫食健字（2003）第 0097 号证书。同时，茶多酚奇康胶囊针对癌症病人放化疗后白细胞的降低，还具有明显的升白作用。

### （一）茶多酚奇康胶囊降低血浆纤维蛋白原的临床结果

血浆高纤维蛋白原是心脑血管的发病危险因子，是引发心脑血管疾病的主要原因。茶多酚能够显著降低纤维蛋白原，溶解血栓，防止血栓形成，防治冠心病、脑中风、高血压等心脑血管疾病。

浙江医科大学附属第一医院、浙江省中医院、杭州市第二人民医院、浙江省人民医院、杭州市第四人民医院等单位对 253 例冠心病、高血压、脑栓塞、慢支、肺气肿、慢性肺心病、糖尿病肾病患者（均为血浆高纤维蛋白原）进行了临床观察，服用茶多酚一个月，结果表明：148 例血浆高纤维蛋白原降为正常，显效 200 例，占 79.1％；有效率 26 例，占 10.3％，总有效率为 89.4％。茶多酚降血浆纤维蛋白原效果显著，溶栓效果显著。

浙江省中医院附属医院、省中医院内科、浙江医科大学血液病研究所、浙江医科大学附属一院、二院等对 35 例患者进行了临床观察，服用茶多酚一个月，结果表明：茶多酚降低纤维蛋白原的总有效率为 100％，而且服用一个月，即能使纤维蛋白原降低 175.4mg/dl，表明茶多酚降纤维蛋白原效果明显，溶栓效果显著。

### （二）茶多酚奇康胶囊降血脂临床报告

浙江医科大学附属第一医院、浙江省中医院、杭州市第二人民医院、浙江省人民医院、杭州市第四人民医院对 31 例高血脂症患者进行了临床观察，服用茶多酚一个月，结果如下：

表 7-4 茶多酚降血脂临床结果

| | TC(7 例) | TG(16 例) | HDL(8 例) |
|---|---|---|---|
| 服药前 | 267±12 | 245±120 | 35±5 |
| 服药后 | 225±74 | 185±28 | 43±4 |

甘油三酯、胆固醇即明显下降，高密度脂蛋白显著提高。由此表明：茶多酚有明显的降低甘油三酯、胆固醇，升高高密度脂蛋白的作用。

### （三）茶多酚奇康胶囊软化血管动物试验

人体造成血管硬化的主要原因有以下三个方面：其一，自由基过剩，损伤血管内皮细胞；第二，脂类物质大量沉积，形成粥样硬化斑块；其三，血栓形成。表 7-5 结果表明，茶叶提取物抗自由基的作用最强，是绞股蓝的 1600 多倍，是槲皮素的近 4500 倍。茶多酚具有很强的抗自由基作用。

表 7-5 茶多酚清除自由基实验结果

| Drug(药物) | $IC_{50}$（$\mu g/ml$） |
|---|---|
| TP(茶叶提取物) | 0.028 |
| GS(绞股蓝总甙) | 46.40 |
| Quercetin(槲皮素) | 125.9 |
| Caffeic acid(咖啡酸) | 1242 |

表 7-6　茶多酚降脂作用(1.7mmol/L)

| 组别 | TG(甘油三酯) | TG(总胆固醇) | LDL-C(低密度脂蛋白) |
|---|---|---|---|
| 正常动物 | 0.92±0.21 | 5.01±1.77 | 2.12±0.92 |
| 模型对照 | 4.32±0.93 | 15.62±3.34 | 8.23±3.46 |
| 烟酸 | 3.01±1.34 | 7.92±2.52 | 3.34±1.12 |
| 大剂量 | 1.92±0.82 | 5.84±1.54 | 2.18±0.96 |
| 中剂量 | 2.48±0.98 | 6.08±2.18 | 2.05±1.04 |
| 小剂量 | 2.48±1.49 | 7.14±2.22 | 3.32±1.15 |

表 7-6 实验得出:茶多酚无论大、中、小剂量都能明显降低甘油三酯、总胆固醇和低密度脂蛋白,而且,效果都优于较好的降脂药烟酸。由此可见,茶多酚降脂效果明显。

表 7-7　茶色素对抗凝血酶时间、纤维蛋白原及
纤维蛋白原裂解产物的影响

| 组　别 | 兔数 | 抗凝血酶Ⅲ时间（秒） | | 纤维蛋白原（mg%） | | 纤维蛋白原裂解产物 | |
|---|---|---|---|---|---|---|---|
| | | 给药前 | 给药后 | 给药前 | 给药后 | 给药前 | 给药后 |
| 茶色素 | 20 | 43±8 | 50±8 | 390±102 | 289±108 | 1.1±1.9 | 9.4±1.6 |
| 对　照 | 20 | 46±8 | 44±8 | 313±82 | 301±130 | 1.2±3.5 | 5.2±2.4 |

表 7-7 对健康家兔的茶多酚抗凝实验表明:茶多酚能增加抗凝血酶时间,降低纤维蛋白原,促进纤维蛋白原的溶解,从而抗动脉粥样硬化、抗血栓形成。

表 7-8　茶色素促纤溶实验结果

| 项　目 | 组　别 | 注射前后 | 动物数 | 均值 | 标准差 | 标准误 | p |
|---|---|---|---|---|---|---|---|
| 纤维蛋白原 mg% | 对照组 | 注前 | 10 | 470 | 127.94 | 42.65 | >0.05 |
| | | 注后 | 10 | 390.2 | 107.75 | 35.92 | |
| | 茶色素组 | 注前 | 8 | 493.75 | 86.18 | 32.58 | <0.01 |
| | | 注后 | 9 | 222.6 | 128.85 | 45.63 | |
| 纤维蛋白原裂解产物 μg/ml | 对照组 | 注前 | 10 | 1.5 | 1.18 | 0.39 | >0.05 |
| | | 注后 | 10 | 2.2 | 1.79 | 0.59 | |
| | 茶色素组 | 注前 | 10 | 1.1 | 1.1 | 0.37 | <0.01 |
| | | 注后 | 10 | 3.4 | 0.96 | 0.11 | |

茶多酚促纤溶结果表明：注射茶色素后，纤维蛋白原下降271.15，下降100%多；纤维蛋白原裂解产物增加2.3，增加220%。实验证明：茶多酚能有效降低纤维蛋白原，促进血栓溶解。

表 7-9　茶色素抗血小板凝聚实验（5mg/ml）

| 诱聚剂 | 测定项目 | 试验次数 | 对照（%） | 茶多酚（%） | p* |
|---|---|---|---|---|---|
| ADP (10μmol) | 第一分钟聚集 | 22 | 51.47±9.23 | 11.49±12.92 | <0.01 |
| | 第三分钟聚集 | 22 | 68.48±11.86 | 18.55±18.0 | <0.01 |
| | 最大聚集 | 22 | 70.87±12.55 | 19.78±18.34 | <0.01 |
| | 聚集后 cAMP（pm/ml） | 18 | 5.63±0.63 | 9.46±5.46 | <0.01 |
| | 聚集后 ⅧR:Ag | 13 | 90.65±33.84 | 69.13±31.57 | <0.01 |
| AA (0.5mg/ml) | 第一分钟聚集 | 13 | 41.20±19.36 | 12.09±9.95 | <0.01 |
| | 第三分钟聚集 | 13 | 61.88±22.93 | 14.74±15.45 | <0.01 |
| | 最大聚集 | 13 | 68.88±22.49 | 16.78±15.02 | <0.01 |
| AA (1mg/ml) | 第一分钟聚集 | 14 | 42.33±16.46 | 14.4±10.45 | <0.01 |
| | 第三分钟聚集 | 14 | 62.85±16.95 | 20.51±17.1 | <0.01 |
| | 最大聚集 | 14 | 67.62±17.04 | 21.45±17.25 | <0.01 |
| | 聚集后 cAMP（pm/ml） | 21 | 5.57±6.27 | 8.94±5.25 | <0.01 |
| | 聚集后 ⅧR:Ag | 15 | 108.1±37.8 | 68.2±18.0 | <0.01 |

实验显示:茶色素有显著抑制 ADP(腺苷二磷酸)或 AA(氨基酸)诱导的血小板聚集;能使 cAMP(环腺苷酸——细胞内的第二信使)水平升高。因此,茶色素能促进细胞代谢,净化血液,溶解血栓。

综上所述:茶多酚和茶色素能清除自由基,清除血管壁的脂质斑块;能降低甘油三酯、总胆固醇、低密度脂蛋白,升高高密度脂蛋白,调节血脂;能抗血凝,降低纤维蛋白原,抗血小板聚集,抗血栓形成,溶解血栓。多管齐下,全面软化血管。

### (四)茶多酚奇康胶囊升白临床报告

常见的肿瘤病人放射反应和损伤表现为周围血中白细胞数降低、血小板减少等骨髓抑制现象,茶多酚奇康胶囊还具有一定升白效果,尤其对于放疗和化疗病人的升白细胞效果明显。

表 7-10　茶多酚治疗前后白细胞总数对比临床试验结果

| 病　　种 | 治疗方法 | 治疗前 平均数/mm³/例 | 治疗后 平均数/mm³/例 |
|---|---|---|---|
| 支气管肺癌 | 放疗＋化疗 | 4200/10 | 5100/10 |
| 原发性肝癌 | 肝 A 插管化疗 | 3500/5 | 4800/5 |
| 直肠癌术后复发 | 化　疗 | 2500/3 | 4200/3 |
| 恶性淋巴癌 | 化疗＋放疗 | 5200/4 | 5200/4 |
| 鼻咽癌 | 放　疗 | 5000/2 | 5800/2 |
| 宫颈癌放疗后复发 | 化　疗 | 4600/1 | 6400/1 |
| 乳癌术后 | 化　疗 | 4000/1 | 4000/1 |
| 膀胱癌术后复发 | 化　疗 | 3800/1 | 5200/1 |
| 卵巢癌术后复发 | 化　疗 | 4000/1 | 4500/1 |
| 脑胶质细胞瘤术后 | 放　疗 | 3800/1 | 4000/1 |
| 腹内恶性间皮瘤剖腹探查术后 | 化　疗 | 4200/1 | 3700/1 |

表 7-10 试验表明:茶多酚对治疗支气管癌、鼻咽癌、宫颈癌、肝癌等癌症放化疗后白细胞的降低,有明显的升白作用。

表 7-11　茶多酚治疗后白细胞总数临床实验

| 病　种 | 观察组<br>放化疗＋心脑健片<br>(平均数/10 次/60 天) | 对照组<br>放化疗＋其他口服升白药<br>(平均数/10 次/60 天) |
|---|---|---|
| 支气管肺癌 | 5100 | 4100 |
| 原发性肝癌 | 4800 | 3800 |
| 直肠癌术后复发 | 4200 | 3500 |
| 恶性淋巴癌 | 5200 | 3600 |
| 鼻咽癌 | 5800 | 4500 |
| 宫颈癌放疗后复发 | 6400 | 4800 |
| 乳癌术后 | 4000 | 3400 |
| 膀胱癌术后复发 | 5200 | 4000 |
| 卵巢癌术后复发 | 4500 | 3200 |
| 脑胶质细胞瘤术后 | 4000 | 3600 |
| 腹内恶性间皮瘤剖腹探查术后 | 3700 | 3000 |

表 7-11 实验表明:茶多酚对治疗支气管肺癌、肝癌、直肠癌等癌症放化疗后白细胞的降低,具有明显的升白作用。

## 三、茶黄素的降脂减肥作用和机理

人的肥胖不仅表现在体重增加,而且也表现在生物体内脂肪的过量累积,尤其内脏脂肪的累积影响健康更大。过量堆积的内脏脂肪转移到肝脏、骨骼肌、心脏等其他组织,会导致脏器功能损伤或者退化,引起心血管疾病、动脉硬化、糖尿病等代谢综合症。

屠幼英等人根据卫生部 1996 年文件《保健食品功能学评价程序和检验方法》进行动物试验。实验用不同含量茶黄素（红茶提取物——BTE、茶黄素 14％——TF14、茶黄素 40％——TF40、茶黄素 80％——TF80、茶黄素单体——TF1）的材料用于肥胖防治的大鼠实验,研究了各种茶黄素对高脂饮食所引起具有肥胖症的大鼠体重、肝重、脂肪重量的影响,并进一步研究各种茶黄素对血清和肝脏中的 TC、TG、HDL 的影响,对肝脏中的脂质代谢相关的蛋白（FAS、LPS、Lep）和游离脂肪酸（FFA）的影响,对空腹血糖和血清胰岛素水平的影响,对血清和肝脏中的抗氧化酶（SOD、CAT、GSH-PX、ALT）和 MDA 的影响,以及对动脉粥样硬化指数（AI）和其相关的血管紧张转化酶（ACE）的影响。从血脂、血糖、脂质代谢酶活、抗氧化酶活体系等多方面对茶黄素降脂减肥作用的机理进行了研究。结果如下:

**（一）茶黄素对大鼠肝脏重量和肝体比的影响**

实验解剖中除高脂组大鼠的肝脏略显重大外,未发现脂肪肝,所有脏器均比较正常。各处理组大鼠的肝脏重量均小于高脂组,且 TF14 组和 TF1 组的肝脏重量显著小于高脂组（p＜0.01）；各处理组大鼠的肝体比也都小于高脂组,且 TF14 组、TF1 组和 TF80 组大鼠的肝体比显著小于高脂组（p＜0.01）；各处理组的肝体比和正常组的无统计学上的显著性差异。

表 7-12　茶黄素对大鼠肝脏重量和肝体比的影响 （Mean±SD,n＝6－8）

| 处　理 | 肝脏重（g） | 肝体比（％） |
|---|---|---|
| 正常组 | 10.98±0.75** | 3.09±0.13 |
| 高脂组 | 12.02±0.66 | 3.14±0.15 |

续表

| 处　　理 | 肝脏重（g） | 肝体比（%） |
|---|---|---|
| BTE 组 | 11.51±0.74 ab | 3.04±0.06 a |
| TF14 组 | 10.60±0.81** c | 2.87±0.11**++ b |
| TF40 组 | 11.99±0.69+ a | 2.97±0.18 ab |
| TF80 组 | 11.75±0.64 ab | 2.97±0.12* ab |
| TF1 组 | 10.98±0.72* bc | 2.99±0.07* ab |

注：＊，与高脂组比存在显著差异，$p<0.05$；＊＊，与高脂组比存在极显著差异，$p<0.01$；＋，与正常组比存在显著差异，$p<0.05$；＋＋，与正常组比存在极显著差异，$p<0.01$；a,b,c 表示各处理组之间存在显著差异，$p<0.05$。

### （二）茶黄素对大鼠体内脂肪重量和脂肪系数的影响

脂肪系数是大鼠体内肾脏及附睾周脂肪总和与大鼠体重的百分比，反映大鼠体内脂肪的多少与大鼠的肥胖程度。

研究表明，各处理组的肾周脂肪重量、肾周脂体比显著小于高脂组（$p<0.05$）；附睾周脂肪重量及附睾周脂体比在数值上小于高脂组的，除 BTE 组外，其余各组与高脂组没有统计学上的显著性差异；各处理组的总脂肪比高脂组低 22.82% ～35.05%，显著低于高脂组大鼠体内脂肪积累（$p<0.01$），而且各处理组的脂肪总量与正常组没有统计学上的显著性差异，其中 BTE 组体内脂肪累积最少。各处理组的脂肪系数显著小于高脂组（$p<0.01$），和正常组不存在统计学上的差异，且 BTE 组的脂肪系数最接近正常组。由上可知，红茶提取物或者茶黄素可以显著减少大鼠体内脂肪累积；BTE 组大鼠体内脂肪累积最少，这可能因为咖啡因可以额外地刺激大鼠中枢神经兴奋，使大

鼠能耗增加,较其他无咖啡因的茶黄素组能有效地减少体内脂肪积累。

### (三)茶黄素对大鼠血清和肝脏中总胆固醇、甘油三酯及高密度脂蛋白的影响

血浆中所含脂类统称为血脂,血浆脂类含量虽只占全身脂类总量的极小一部分,但外源性和内源性脂类物质都需经血液运转于各组织之间。因此,血脂含量可以反映体内脂类代谢的情况。血浆总胆固醇和甘油三酯是血脂中的重要组成部分,长时间食用高脂膳食,总胆固醇和甘油三酯会维持较高水平。血浆胆固醇含量增高是引起动脉粥样硬化的主要因素,动脉粥样硬化斑块中往往含有大量胆固醇,是胆固醇在血管壁中堆积的结果,由此可引起一系列心血管疾病。

表 7-13　茶黄素对大鼠血清 TC、TG 及 HDL 的影响(Mean±SD,n=6−8)

| 处　理 | TC(mmol/L) | TG(mmol/L) | HDL (mmol/L) |
|---|---|---|---|
| 正常组 | $1.42\pm0.09**$ | $0.41\pm0.14**$ | $1.06\pm0.10$ |
| 高脂组 | $1.70\pm0.10$ | $0.65\pm0.07$ | $1.11\pm0.17$ |
| BTE 组 | $1.67\pm0.43$ a | $0.37\pm0.13**$ ab | $1.46\pm0.36^+$ a |
| TF14 组 | $1.48\pm0.07**$ ab | $0.33\pm0.11**$ b | $1.11\pm0.04$ b |
| TF40 组 | $1.33\pm0.11**$ b | $0.49\pm0.07**$ a | $1.03\pm0.10$ b |
| TF80 组 | $1.25\pm0.17**$ b | $0.33\pm0.09**$ b | $1.05\pm0.15$ b |
| TF1 组 | $1.44\pm0.12**$ ab | $0.34\pm0.08**$ b | $1.11\pm0.17$ b |

如表 7-13 所示,各处理组与高脂组相比,大鼠血清 TC 降低了 $1.77\%\sim26.47\%$,除 BTE 组外,其余各组大鼠血清 TC 含量和高脂组存在显著性差异($p<0.05$),其中 TF80 组血清 TC 降低最多,其次是 TF40 组,再次是 TF1 组、TF14 组。可见,大

鼠血清 TC 含量的变化可能和茶黄素的含量、茶黄素的种类及儿茶素的含量相关,茶黄素含量高且没食子酸酯茶黄素含量高或者茶黄素和儿茶素含量均高,有利于降低大鼠血清 TC 含量。

由上可知,各处理组可以有效地降低高脂饮食下的肥胖大鼠血清 TC、TG 含量,使其与正常组无显著性差异,而且各茶黄素组优于 BTE 组。各处理组对大鼠血清 HDL 水平没有显著影响。

如表 7-14 所示,对于调节肝脏中 TC 水平,各处理组大鼠肝脏中 TC 含量均小于高脂组,且 TF40 组、TF80 组的肝脏 TC 含量小于高脂组 22.47%($p < 0.05$),与正常组大鼠肝脏 TC 含量无统计学差异。BTE 组和 TF14 组大鼠肝脏 TC 含量显著高于正常组($p < 0.05$),也高于其他处理组。此结果和血清中 TC 水平相对应,可能茶黄素含量或儿茶素含量高低与肝脏 TC 含量相关,喂饲茶黄素或儿茶素含量越高的处理组,其降低 TC 的效果越好。

与高脂组相比,各处理组大鼠肝脏内的 HDL 水平均显著提高了 47.37%～126.32%($p < 0.05$),其中 BTE 组大鼠肝脏内 HDL 含量最高,显著高于 TF80 组和 TF1 组。HDL-C 具有多方面的心血管保护作用,其中包括促进胆固醇逆转运、抗氧化、抗炎以及对缺血再灌注损伤的保护作用;此外,HDL-C 还具有抑制血小板激活、稳定前列环素和促进一氧化氮合成等作用。茶黄素可提高 HDL-C 水平,意味着能全面有效改善脂肪代谢,防止脂肪氧化物在血管壁的沉积和引起动脉硬化等。

同表 7-13 结果比较,各茶黄素材料能够更有效地降低血清的 TC、TG,但是可以更好地提高肝脏的 HDL。处理组中茶黄素或者儿茶素含量越高,如 TF40 组和 TF80 组,其降低大鼠血清和肝脏中的 TC 效果越好,优于 BTE 组和 TF14 组;而 BTE 组提高血清和肝脏的 HDL 含量优于其他组。

表 7-14　茶黄素对大鼠肝脏 TC、TG 及 HDL 的影响(Mean±SD,n=6-8)

| 处　理 | TC(mmol/L) | TG(mmol/L) | HDL(mmol/L) |
|---|---|---|---|
| 正常组 | 0.64±0.10** | 0.90±0.11** | 0.33±0.08** |
| 高脂组 | 0.89±0.15 | 1.05±0.12 | 0.19±0.07 |
| BTE 组 | 0.86±0.06+ ab | 0.96±0.11 a | 0.43±0.15** a |
| TF14 组 | 0.93±0.07+ a | 0.97±0.06 a | 0.35±0.10* ab |
| TF40 组 | 0.69±0.16* b | 1.04±0.15 a | 0.32±0.09* ab |
| TF80 组 | 0.69±0.14* b | 0.97±0.23 a | 0.28±0.08* b |
| TF1 组 | 0.84±0.23 ab | 0.98±0.11 a | 0.29±0.08* b |

## (四)茶黄素对大鼠肝脏中脂肪代谢水平的影响

膳食中的甘油三酯大多只有经过食道中脂肪酶作用,降解为甘油二酯、单甘油酯、甘油和脂肪酸后才能被人体吸收。因此,有效抑制脂肪酶活性,就可达到减少脂肪吸收、控制和治疗肥胖的目的。其中 TF1 组抑制脂肪酶活性最强,显著优于其他茶黄素处理组,其次是 TF80 组,再次是 TF14 组、TF40 组和BTE 组;而且 TF1 组和 TF80 组大鼠肝脏中脂肪酶活性显著低于正常组($p < 0.05$)。由上可知,茶色素的含量越高,其抑制脂肪酶的活性越强。有研究报道,茶黄素具有较强的脂肪酶抑制作用,且对脂肪酶活性的抑制作用大于儿茶素,也为其上的实验结果提供了旁证。

表 7-15　茶黄素对肝脏中脂肪代谢水平的影响（Mean±SD, n=6~8）

| 处　理 | 瘦　素（μg/mL 10%肝脏匀浆） | 脂多糖（U/g prot） | 脂肪酸合成（μg/mL 10%肝脏匀浆） | 游离脂肪酸（μmol/g prot） |
|---|---|---|---|---|
| 正常组 | 2.11±0.45 a | 10.59±1.50* | 0.42±0.05** | 48.00±12.42 |
| 高脂组 | 2.23±0.61 | 12.87±1.12 | 0.54±0.05 | 47.49±20.25 |
| BTE组 | 1.82±0.51 a | 11.13±0.91* a | 0.41±0.12* b | 37.69±19.33 c |
| TF14组 | 1.81±0.55 a | 9.39±2.13** ab | 0.58±0.09++ a | 61.19±21.94 ab |
| TF40组 | 1.58±0.29**+ a | 10.35±0.93** a | 0.38±0.05** b | 37.05±12.26+ c |
| TF80组 | 1.94±0.13 a | 8.55±0.90**+ bc | 0.45±0.04** b | 43.01±16.91 bc |
| TF1组 | 1.77±0.30 a | 7.46±1.66**++ c | 0.42±0.04** b | 65.9711.92** a |

动物的脂肪酸合酶活性高易造成机体的肥胖,高脂组的脂肪酸合酶含量显著高于正常组26%(p<0.01)。除TF14组之外,其余处理组大鼠肝脏中脂肪酸合酶含量显著低于高脂组24.07%~29.63%(p<0.01),TF40组大鼠肝脏中FAS含量为五个处理组中最低,且低于正常组。

游离脂肪酸(FFA)是联系肥胖和胰岛素抵抗或高胰岛素血症的重要环节。肥胖可引起脂肪分解合成代谢旺盛,导致血液FFA浓度升高。高浓度的FFA可通过多种途径影响胰岛素的作用及葡萄糖代谢,与胰岛素抵抗的发生有密切关系。结果表明,高脂组和正常组大鼠肝脏FFA含量接近,BTE组、TF40组和TF80组大鼠肝脏中FFA含量小于高脂组,但没有显著性差异。

综合上述,红茶提取物和茶黄素样品可以显著降低肥胖大鼠体内肝脏中的LPS酶活、FAS含量,降低瘦素水平,部分降低肥胖大鼠肝脏中的游离脂肪酸含量,使大鼠体内的脂肪代谢回归正常水平。

### (五)茶黄素对大鼠血清和肝脏中抗氧化酶水平的影响

自由基与肥胖关系密切。当机体进食高脂饮食,能量摄入与消耗失衡,能量摄入大于消耗时,导致肥胖症,进而引起机体一系列代谢的改变,如血清TC水平、TG水平升高。HDL水平降低,随着血脂的升高,机体内自由基呈线性升高。大量自由基会使各器官组织产生脂质过氧化,进一步导致各器官功能受损,引起糖尿病、高血压等一系列并发症。

表 7-16 茶黄素对大鼠血清中抗氧化酶水平的影响（Mean±SD，n＝6－8）

| 处 理 | SOD(U/mL) | CAT(U/mL) | GSH-PX(U/mL) | MDA(nmol/mL) |
|---|---|---|---|---|
| 正常组 | 190.19±13.93* | 0.36±0.07* | 2691.71±152.99** | 4.57±0.54* |
| 高脂组 | 171.13±12.94 | 0.58±0.10 | 3023.97±110.69 | 5.55±0.74 |
| BTE组 | 185.66±24.97 a | 0.51±0.09⁺ a | 2521.18±270.64** b | 4.91±0.46 a |
| TF14组 | 192.37±19.74 a | 0.59±0.21⁺ a | 3053.00±109.66⁺⁺ a | 4.69±0.50* a |
| TF40组 | 179.36±17.30 a | 0.58±0.29 a | 2156.05±151.52*⁺⁺ c | 4.66±0.54*⁺ a |
| TF80组 | 181.39±33.04 a | 0.48±0.17 a | 2685.13±270.04* b | 4.42±0.43* ab |
| TF1组 | 194.77±7.81** a | 0.36±0.10** a | 3115.38±146.50⁺⁺ a | 3.88±0.34**⁺ b |

　　体内和体外研究均有报道红茶中的茶黄素是很好的自由基清除剂,能够有效地提高机体内的抗氧化酶酶活,清除体内的活性氧自由基、羟基自由基、脂质过氧化产生的自由基等。过氧化物歧化酶(SOD)、过氧化氢酶(CAT)和谷胱甘肽转移酶(GSH-PX)是体内清除自由基的重要抗氧化酶。如表 7-16 的实验结果所示,各处理组大鼠血清中的 SOD 酶活都大于高脂组,其中 TF1 组大鼠血清 SOD 酶活最高,高出高脂组 13.8%。TF14 组和 TF40 组大鼠血清 CAT 酶活和高脂组相当,其余处理组的 CAT 酶活均小于高脂组。同样,TF14 组和 TF1 组大鼠血清 GSH-PX 酶活和高脂组相当,其余处理组的 GSH-PX 酶活均小于高脂组。

　　肥胖症往往有血浆游离脂肪酸(FFA)升高,FFA 极易产生过氧化作用,形成脂类过氧化的终产物之一丙二醛(MDA),所以 MDA 常作为脂类过氧化(即自由基产生)的指标。各处理组大鼠血清 MDA 水平比高脂组的降低了 11.53%～30.09%,除 BTE 组外,其余四组与高脂组存在显著性差异($p < 0.05$)。而且,随着茶黄素含量的增加,大鼠血清 MDA 含量越低,即 TF1 组＜TF80 组＜TF40 组＜TF14 组＜BTE 组。TF1 组大鼠血清 MDA 显著低于正常组水平($p < 0.05$)。MDA 是脂肪氧合酶催化下的脂质过氧化的产物,MDA 水平的降低与脂肪氧合酶活性的降低密切相关。

　　由表 7-17 可知,各处理组大鼠肝脏中的 SOD 酶活都高于高脂组;TF1 组大鼠肝脏 SOD 酶活与高脂组相比,达到了极显著水平($p < 0.01$),比高脂组高了 12.04%;BTE 组和 TF40 组的 SOD 酶活与高脂组相比,达到了显著水平($p < 0.05$),这三组

表 7-17 茶黄素对大鼠肝脏中抗氧化酶水平的影响（Mean±SD，n＝6—8）

| 处 理 | SOD(U/g prot) | CAT(U/g prot) | GSH-PX(U/g prot) | MDA(nmol/g prot) |
| --- | --- | --- | --- | --- |
| 正常组 | 88.28±8.06** | 15.74±3.53 | 408.71±43.27 | 6.83±0.80 |
| 高脂组 | 66.43±2.96 | 16.05±1.14 | 423.10±62.09 | 7.48±0.45 |
| BTE组 | 74.77±7.30*++ a | 17.83±1.56* bc | 613.48±26.17**++ a | 7.70±0.31+ ab |
| TF14组 | 65.94±3.72++ b | 19.71±1.33*++ ab | 536.59±78.30++ ab | 7.68±0.57 ab |
| TF40组 | 70.04±2.17*++ ab | 16.56±1.95 cd | 505.30±69.47+ ab | 7.97±0.46+ a |
| TF80组 | 67.21±3.23++ b | 15.20±1.19 d | 507.16±165.37 ab | 7.24±0.34 b |
| TF1组 | 73.56±2.16**++ a | 20.16±2.35**++ a | 479.08±112.11 b | 7.87±0.41+ a |

处理的 SOD 酶活均高于 TF80 组和 TF14 组。但各处理组的肝脏 SOD 酶活均显著小于正常组水平（p<0.01）。

本实验中，高脂组和正常组肝脏中的 CAT 酶活无统计学差异。除 TF80 组外，其余茶黄素处理组大鼠肝脏中 CAT 水平高于高脂组 3.17%～25.6%，且 TF14 组和 TF1 组极显著高于高脂组（p<0.01），显著高于正常组（p<0.05），TF1 组>TF14 组；BTE 组显著高于高脂组（p<0.05）。

各处理组肝脏中的 GSH-PX 水平高于高脂组 13.23%～45%；且 BTE 组极显著高于高脂组（p<0.01），其次为 TF14 组和 TF40 组显著高于高脂组（p<0.05）。茶黄素含量极高的 TF80 组和 TF1 组调节肝脏 GSH-PX 水平不如茶黄素含量低的处理组。

从三个抗氧化酶酶活的实验结果可以得知，TF1 组提高肝脏 SOD 酶活和 CAT 酶活优于其他处理组，但 BTE 组提高肝脏 GSH-PX 酶活优于其他组。

对于调节肝脏中的 MDA 水平，与高脂组相比，仅 TF80 组大鼠肝脏 MDA 含量在数值上小于高脂组，但各处理组肝脏 MDA 水平与高脂组不存在统计学上的差异。

表 7-17 所示，各茶黄素材料能够更好地提高肝脏的 SOD、CAT 和 GSH-PX 水平，降低血清 MDA 水平。所以，茶黄素对动物降脂减肥的作用不是单方面的，而是通过脂肪代谢、消化和吸收，抗脂肪氧化和自由基水平等多方面的协调，进而起到降脂减肥的作用。

综合上述，本实验中的茶黄素材料都具有预防大鼠肥胖的效果，其机理可能是各种茶黄素材料都可以干预糖代谢，降低胰岛素水平，提高胰岛素的敏感指数，改善血清中的 TC、TG、

HDL 水平;也可以通过调节脂质代谢相关的酶系,如降低脂肪酸合酶水平,降低脂肪酶水平,减少游离脂肪酸的生成,干预脂质代谢,减少体内脂质积累;还可以通过提高机体自身的抗氧化酶酶活,如 SOD、GSH-PX、CAT,减少脂质过氧化产生 MDA,改善大鼠体内由于高脂饮食所引起的不良代谢情况。

　　从大量的动物试验和临床研究表明,茶多酚及其氧化产物茶黄素等茶色素具有一般植物提取物所无法达到的多重生物活性;同时,茶为我国的国饮,年产量目前已近 200 万吨,居世界之首,资源十分丰富。由此可见,茶多酚可以替代多种化学合成物药物,减少对人体的毒副作用,是人类预防和治疗多种疾病的宝贵财富。

## 参考文献

[1]Xu Y. , Jin Y. X. , Wu Y. Y. , Tu Y. Y. Isolation and purification of four individual theaflavins using semi-preparative high performance liquid chromatography [J]. *Journal of Liquid Chromatography & Related Technologies*(2010),33(20):1791-1801.

[2]Jin D. Y. , Xu Y. , Mei X. , Meng Q. , Gao Y. , Li B. , Tu Y. Y. Antiobesity and lipid lowering effects of theaflavins on high-fat diet induced obese rats Journal of Functional Foods,2003.

[3]徐懿:《茶黄素的分离制备及对大鼠的降脂减肥研究》,2011年浙江大学博士论文。